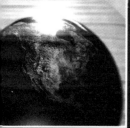

神奇的世界 SHENQI DE SHIJIE

宇宙的秘密

陈敦和　主编

上海科学技术文献出版社
Shanghai Scientific and Technological Literature Press

图书在版编目(CIP)数据

宇宙的秘密／陈敦和主编. —上海:上海科学技术文献出版社,2019

(神奇的世界)

ISBN 978 - 7 - 5439 - 7897 - 3

Ⅰ.①宇… Ⅱ.①陈… Ⅲ.①宇宙—普及读物

Ⅳ.①P159 - 49

中国版本图书馆 CIP 数据核字(2019)第 081261 号

组稿编辑:张 树

责任编辑:王 珺

宇宙的秘密

·······························

陈敦和 主编

·······························

*

上海科学技术文献出版社出版发行

(上海市长乐路 746 号 邮政编码 200040)

全 国 新 华 书 店 经 销

四川省南方印务有限公司印刷

*

开本 700×1000 1/16 印张 10 字数 200 000

2019 年 8 月第 1 版 2021 年 6 月第 2 次印刷

ISBN 978 - 7 - 5439 - 7897 - 3

定价:39.80 元

http://www.sstlp.com

宇宙有多大？它是如何诞生的？宇宙多少岁了？……这些问题即使是在今天也难以回答，但是我国古代伟大的诗人屈原在他的《天问》中就曾提出过类似的问题，这充分显示了我国古人对宇宙的思索。从第一个提出地球是圆形的希腊哲学家到麦哲伦完成环球航行，人们对宇宙的认识已经向前跨了一大步。当"日心说"被提出后，人们才恍然大悟：原来地球之外的空间如此之大，地球只不过是沧海一粟。宇宙之大，无奇不有。人类今天探索到的宇宙信息只不过是冰山一角，一些新的宇宙理论在不断地被提出，正等着我们去挑战、去证实，以揭开更多的奥秘。

自古以来，人类就对浩瀚无垠的宇宙充满了好奇。

每当我们仰望星空时，都会浮想联翩。星星为什么会不停地"眨眼睛"？天空中为什么会出现形态各异的星座？月亮突然少了一块，难道真的是被"天狗"吃掉了吗？……随着现代科学技术的发展，我们的疑问不仅逐一得到了解答，人类在向宇宙探索的征途中又获取了更多的天文知识。尽管人类的好奇心已经得到越来越多的满足，但依然没有停止探索宇宙世界的步伐，因为还有更多的宇宙奥秘等待着我们去探索。

这是一本为青少年读者量身定做的有关宇宙的科普图书，该书全面介绍了宇宙大家族中的不同成员、各种变幻莫测的天文现象及许多鲜为人知的奇闻趣事。浅显易懂的文字配以生动精美的图片，打破了以往科普图书沉重、枯燥的特点，使读者在掌握丰富知识的同时，有种宛如在太空遨游的切身感受。

C目录
Contents

Ch1 1 科幻太空——揭秘奇幻绚丽的太空

Ch2 25 浩瀚宇宙——探索宇宙的奥秘

Ch3 43 银河系——壮阔璀璨的旋涡星系

宇宙的秘密

C目录
Contents

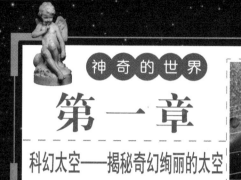

第 一 章

科幻太空——揭秘奇幻绚丽的太空

　　瑰丽的太空里有无数的神奇梦幻，会让人遐想无限；浩瀚星海，无时无刻不对整个人类充满着极大的诱惑。探索神秘和多彩的未来世界，遨游充满着无限生机的太空之中，探索的步伐从未停止，一直在继续……

宇宙中的包罗万象

宇宙是万物的总称，是时间和空间的统一。宇宙是物质世界，不依赖于人的意志而客观存在，并处于不断运动和发展中。宇宙是多样又统一的。它包括一切，是所有时间和空间的统一体，没有时间和空间就没有一切。

宇宙的形状

宇宙是由空间、时间、物质和能量所构成的统一体，是一切空间和时间的综合。一般意义上理解的宇宙，是指我们所存在的时空连续系统，包括其间的所有物质、能量和事件。

宇宙的形状现在还是未知的，尽可大胆想象。有的人说宇宙其实是一个类似人的这样一种生物的一个小细胞，而也有人说宇宙是一种拥有比人类更聪明的智慧生物所制造出来的一个程序或是一个小小的原件，或者宇宙是无形的，它时刻都在变化着。

总之宇宙的形状是人类未解的一个心锁。

宇宙的年龄

宇宙年龄是指宇宙从某个特定时刻到现在的时间间隔。

通常，天文学家们常以哈勃年龄为宇宙年龄的上限。所谓哈勃年龄，通俗地讲就是利用哈勃望远镜来观测宇宙中的射线，然后通过分析射线来推测宇宙的年龄。

目前，研究人员最新使用了一种新的方法对宇宙的年龄进行测试，测量结果为137.5亿年。

宇宙爆炸说

宇宙爆炸说认为：宇宙没有开始，没有结束，没有边界，更没有诞生与毁灭，只有一个个阶段的结束与开始。在一次无比壮观的大爆炸中，这阶段的宇宙开始了！

大约在150亿年前，宇宙所有的物质都高度密集在一点，有着极高的温度，因而发生了巨大的爆炸。宇宙原始大爆炸后0.01秒，宇宙的温度大约为1000亿度。物质存在的主要形式是电子、光子和中微子。以后，物质迅速扩散，温度迅速降低。大爆炸后1秒钟，温度下降到100亿度。大爆炸后14秒，温度约30亿度。35秒后，温度降为3亿度，化学元素开始形成。温度不断下降，原子不断形成。宇宙间弥漫着气体云。他们在引力的作用下，形成恒星系统。恒星系统又经过漫长的演化，成为今天的宇宙。

大爆炸的整个过程是复杂的，现在只能从理论研究的基础上，描绘过去远古的宇宙发展史。在这150亿年中，先后诞生了星系团、星系、我们的银河系、恒星、太阳系、行星、卫星等。现在我们看见的和看不见的一切天体和宇宙物质，形成了当今的宇宙形态，人类就是在这一宇宙演变中诞生的。

阳系。此外，太阳系外也存在其他行星系统。

2500亿颗类似太阳的恒星和星际物质构成了更巨大的天体系统——银河系。太阳位于银河系的一个旋臂中，距银河系中心约3万光年。

银河系外还有许多类似的天体系统，称为河外星系，现已观测到大约10亿个。星系也聚集成大大小小的集团，叫星系团。平均而言，每个星系团约有百余个星系，直径达上千万光年。现已发现上万个星系团。包括银河系在内约40个星系构成的一个小星系团叫本星系群。若干星系团集聚在一起构成更大、更高一层次的天体系统叫超星系团。本星系群和其附近的约50个星系团构成的超星系团叫做本超星系团。目前天文观测范围已经扩展到200亿光年的广阔空间，称之为总星系。

行星是最基本的天体系统

太阳系中共有八颗行星：水星、金星、地球、火星、木星、土星、天王星、海王星（冥王星目前已从行星中"除名"，降为矮行星）。除水星和金星外，其他行星都有卫星绕其运转，地球有一个卫星，这就是月球。土星的卫星最多，已确认的有30颗。

行星、小行星、彗星和流星体都围绕中心天体——太阳运转，构成太

↓ 太阳系——人类的家园

月亮在捍卫地球的美丽

月球的年龄大约有46亿年。俗称月亮，古时候也被叫做"太阴"，是环绕地球运行的一颗卫星。它是地球唯一的一颗天然卫星，也是离地球最近的天体。月球是被人们研究得最彻底的天体。月球是除了地球以外，唯一一个曾经有人类光顾的星球。

月谷——弯弯曲曲的黑色大裂缝

地球上有着许多著名的裂谷，如东非大裂谷，月面上也有这种构造，那些看来弯弯曲曲的黑色大裂缝即是月谷，它们有的绵延几百到上千千米，宽度从几千米到几十千米不等。那些较宽的月谷大多出现在较平坦的地区，而那些较窄、较小的月谷（有时又称为月溪）则到处都有。

最著名的月谷是阿尔卑斯大月谷，在柏拉图环形山的东南处，联结雨海和冷海，它把月面上的阿尔卑斯

山拦腰截断，很是壮观。根据从太空拍得的照片估计，阿尔卑斯大月谷长达130千米，宽10～12千米。

月食——天狗吞月只是传说

月食是一种特殊的天文现象。指当月球行至地球的阴影部分时，太阳光被地球遮住。在农历十五、十六，月亮运行到和太阳相对的方向。这时如果地球和月亮的中心大致在同一条直线上，月亮就会进入地球的本影，而产生月全食。如果只有部分月亮进入地球的本影，就产生月偏食。当月球进入地球的半影时，应该是半影食，但由于它的亮度减弱得很少，不易察觉，故不称为月食，所以月食只有月全食和月偏食两种。

月食都发生在望（满月），但不是每逢望都有月食，这和每逢朔并不是都出现日食是同样的道理。在一般情况下，月亮不是从地球本影的上方通过，就是在下方离去，很少穿过或部分通过地球本影，因此，一般情况下就不会发生月食。每年月食最多发

生3次，有时一次也不发生。

看不到月球背面的原因

　　地球上之所以只能看到月球的半面，这是因为月球的自转周期和公转周期严格相等吗？那这到底是巧合还是有着内在的联系呢？其实，在地球引力的长期作用下，月球的质心已经不在它的几何中心，而是在靠近地球的一边，这样的话，月球相对于地球的引力势能就最小，在月球绕地球公转的过程中，月球的质心永远朝向地球的一边，就好像地球用一根绳子将月球绑住了一样。太阳系的其他卫星也存在这样的情况，所以卫星的自

转周期和公转周期相同并不是什么巧合，而是有着内在的因素。

扩展阅读

　　中国绕月探测工程即月球探测工程一期工程，是从2004年正式启动的。

　　中国的月球探测工程分为"绕、落、回"三个阶段，这三个阶段构成中国的不载人月球探测的整体计划。2007年，中国发射了一颗围绕月球飞行的卫星，即"嫦娥一号"，并准备在2013年底，发射"嫦娥三号"，实现登陆月球。

　　绕月探测工程是继人造地球卫星、载人航天之后，中国航天活动的第三个里程碑，是中国自主创新的重大科技工程，对中国科技发展具有重大意义。

↓月食的渐变图

太空中的"火鸟"：猎户星云

猎户星云（M42）是位于猎户座的一颗弥散星云，距离地球仅1500光年，是距离地球最近的一个恒星形成区。它的亮度相当高，在太空仅次于卡利纳星云，在无光害的地区用肉眼就可观察。

火鸟星云

猎户星云看上去像一头展翅飞翔的火鸟，故亦有"火鸟星云"的称号。在银河系螺旋形的怀抱中，没有哪一片星云像猎户这般生机勃勃。尽管它距地球有1500光年之遥（一光年相当于6万亿英里），在冬日的夜空里它依然清晰可见。

星云的主要成分是氢，也有氦、碳、氮和氧。其中还有十几种不同的分子，包括水和一氧化碳，这些也都是制造恒星的原料。

1610年，伽利略的望远镜对准了帕多瓦窗外的猎户星群，可不知道为什么，他却忽略了星云。同年，法国律师佩瑞斯卡首次发现了猎户星云。他是个业余天文爱好者，有趣的是，他用的竟然是伽利略赠送的望远镜。

彩虹般绚丽

星云中间有4颗巨大灼热的恒星，形成梯形排列，这里就是恒星工厂搏动的心脏。

↓猎户座大星云

宇宙的秘密

猎户星云的钻石腰带上镶嵌着三颗璀璨的恒星，它们排列完美、间隔整齐；腰带的下方，两颗稍稍偏黯的恒星则是他剑鞘上的宝石；北面6颗小恒星勾勒出的像是巨人的棍棒，一片成半圆形的恒星在左臂边伸展开来，那可能是猎户手到擒来的猎兽。

其中最大的一颗体积是太阳的20倍，亮度约为太阳的10万倍，它独自就能照亮整个星云。4颗恒星的年龄可能还不到100万年，它们强大的紫外线辐射，将周围的星云物质幻化得如彩虹般绚丽。

它很年轻

年轻的猎户星云，就像是一个恒星制造厂，再现了太阳系形成初期的孕

育过程。猎户星云中大部分恒星的年龄在30万年到100万年之间，而我们的太阳已经有45亿年的高龄，相比之下，这些恒星简直就是初学走路的孩子。

一般来说，星云的分布状况很不规则。灼热的恒星强烈的紫外线辐射，促使星云扩张。分子云层在星云物质稀薄的地区扩散迅速，这与草原野火的蔓延是一个道理，野火在牧草稀少地区能够立刻蔓延，而在灌木树丛却燃烧减缓。

猎户座星云几乎覆盖了猎户座勾画出来的整个天空区域的一个巨分子云的一部分。该星云的一些最稠密部分吸收可见光，只能用红外或射电方法观测到，这些稠密区域包括与恒星诞生有关的热斑。

星云中有一些恒星，其年龄只有100万年，它们发出强烈的紫外辐射，正是这些辐射被星云中的气体吸收后，并以可见光的形式再辐射出来，从而使星云明亮。星云的发光部分是一个电离区。

猎户座四边形

猎户座星云是猎户星协的核心，在星云的附近有许多恒星组成一个银河星团，称为猎户座星云星团，著名的"猎户座四边形"聚星就位于星云之中。

在猎户座星云星团和猎户座四边形中，有许多表面温度高达几万度的

↑星 云

热星，它们发出的强烈的紫外辐射使星云受到激发而产生辐射，因此星云的光谱主要是发射线。射电观测发现猎户座星云以每秒8公里的速度离开猎户座星云星团。

不管对星云有何种解释，毋庸置疑的是，蕴涵其中的恒星与其他恒星是万物之源。无论是猎户星云中的气体分子，还是太阳系的行星，还是我们后院的树木，恒星是创造和维持它们的本源。

和人类一样，恒星也有出生、成熟、衰老和死亡的过程。到底是什么引发了恒星的诞生，尚且是个谜，但可以肯定是，引力在其中扮演了重要角色：当星云中的一团气体，由于某些原因，密度相对其周围的物质越来越大，气团将最终萎缩，因为它自身的引力超过了周围的物质引力。当气团继续被自身的引力所凝聚，它的密度愈加稠密，中心开始发热。待到中

心到达一定的密度和温度，将发生核融合。一颗新的恒星就诞生了。

我们只要有一副双筒望远镜或小望远镜就可以看到猎户星云（M42）。若环境理想，以装上广角镜头的相机进行五分钟的曝光就能拍摄到整个猎户座和猎户座大星云的粉红色光芒。透过普通双筒望远镜看猎户座大星云，这头展翅飞翔的火鸟在宇宙中分外显眼。

趣味故事

古希腊的神话传说，使得猎户星云充满了浪漫色彩：大约公元前2000年前，占星师将天空中的亮点连接起来，勾勒出了希腊神话中"猎户"的灵魂。猎户诞生后，狩猎女神阿耳特弥斯与他坠入爱河。可是女神的兄弟阿波罗却十分妒忌猎户的本领，便派蝎子害死了他。猎户便幻化成美丽的猎户星云，像一朵玫瑰一样在宇宙中注视着他心爱着的女神。

像圣诞树一样的麒麟星座

　　麒麟星座是赤道带星座之一。位于双子座以南，大犬座以北，小犬座与猎户座之间的银河中。但是，因为这一部分的银河位于银河系的边缘方向，所以远不如夏天夜晚的银河明亮。

像玫瑰花一样美丽的吉祥星座

　　麒麟座中最美丽的天体是玫瑰星云，又叫做"蔷薇星云"。在这一片淡淡的玫瑰红色的星云中心，是一个由十来颗翠蓝和金黄色恒星组成的疏散星团。可惜这朵天上的玫瑰花，从天文望远镜中不能直接看出颜色，只有在用天文望远镜长时间拍摄的照片上才能看到它的颜色。早在波斯星图上，就已经有了这个星座的图形。它是一匹形似白马，头生一角的独角兽。

　　麒麟座位于猎户座东侧，正好被银河"切开"，亮星很少。每年1月5日子夜麒麟座上中天，1月和2月都是观测它的最佳月份。麒麟座的拉丁文的意思是独角兽或犀牛。我国天文学家将其翻译为麒麟。麒麟是一种传说中的子虚乌有的神秘动物，中国古代传说描绘的麒麟是独角的鹿身牛尾兽，全身披鳞甲，古人用它象征祥瑞。

扩展阅读

　　麒麟，是上古中国人最企望出现的吉祥动物，它们的出现表示一代的幸福。因此，那时的人们希望麒麟总是伴随着自己，给自己带来幸运和光明，而辟邪。当上古时代的这种信仰被传承下来的同时，麒麟所具有的吉祥意义也随之被广大民众公认且牢牢地存在于人们的意识之中，麒麟便成了某种意念的象征，某种意境的表现，某种力量的显示，并启发人们的想象，引导人们的精神去契合某种意念，进入一种特定的境界，给人们以希望、安慰和某种追求的力量。

像一棵圣诞树一样壮观的麒麟星座

　　麒麟星座首次被观测到是在18

↑ 美丽的星座

世纪，天文学家使用智利阿塔卡马沙漠上的拉西腊天文台的2.2米直径太空望远镜再次拍摄到这一壮观景象。通过该望远镜上装配的叫做"宽视野成像仪"的特殊天文学摄影仪和一组滤镜，对麒麟星座观测成像10小时之久，获得了像一棵圣诞树一样壮观的麒麟星座全色彩图片。

照片中的旋涡气体云呈现出红色是由于紫外线释放自年轻、炽热的恒星，这些恒星在照片中是那些"蓝色点缀"，仿佛在这颗太空圣诞树上闪闪发光。在接近照片底部的三角形图案是椎状星云，顶部最明亮的恒星可用人体肉眼观测到，右侧释放出毛茸茸光芒的区域是狐狸皮星云。照片呈现的这片区域整体上是一个能够孕育恒星的分子云，它位于明亮恒星和椎状星云之间，天文学家对其的深入观测分析有助于研究恒星是如何诞生的。

知识链接

麒麟，是按中国人的思维方式复合构思所产生、创造的一种动物。从其外部形状上看，麇身，牛尾，马蹄（史籍中有称为"狼蹄"），鱼鳞皮，一角，角端有肉，黄色。这种造型是将许多实有动物肢解后的新合拼体，它把那些备受人们珍爱的动物所具备的优点全部集中在麒麟这一幻想中的神兽身上，充分体现了中国人的"集美"思想。

所谓"集美"，通俗地说是将一切美好的东西集中在一个事物上的一种表现。这种理念一直是几千年来中国人精神世界和物质世界所追求实现的目标和愿望。因而，麒麟所选择的鹿、牛、马、鱼等吉祥动物进行组合是有一定的道理的。

谈"星"色变：被误解的扫帚星

平时，我们在夜空看到的星星，都只是亮晶晶的小点儿，要是突然看到一颗拖着长尾巴的扫帚星——彗星，慢慢在天空移动，看上去扰乱了天空的正常秩序，人们难免会感到惶恐不安。尤其在文化不发达的地区，由于对彗星的出现得不到叫人信服的解释，于是由惶恐而引出一些迷信的说法。

从前，这类迷信说法无论国内或者国外都有。在国内，有过"扫帚星是灾星，它的出现是灾荒、瘟疫、战争的预兆"这样的迷信传说。在国外，说得更离奇，说"它的头在哪个国家，这个国家不会有什么灾难；而它的尾巴在哪个国家，这个国家就会有骚乱、流血……"

现在，人们对于彗星的行踪和真面目，已经基本上弄清楚。只是对于彗星的来历和起源，还有待更深的研究。

2062年再见哈雷彗星

彗星也是宇宙间的一种天体，数量极多，有的高速穿过太阳系就一去不回，有的沿着一定的轨道在太阳系内绕太阳公转，成为我们太阳系大家庭中的成员。其实年年有一些彗星接近太阳和地球，只是因为多数比较小，只有用天文望远镜才能看见，一般人见不到。

沿着椭圆轨道作周期性绕太阳运行的彗星，有些每隔五六年转一圈，有些得隔十多年、几十年，甚至更多年转一圈。1986年有的地方人们用肉眼看到的大彗星，英国一个名叫哈雷的天文学家最先算出了它的运行轨道，因此取名为哈雷彗星，它的运行周期大约是76年，也就是每隔大约76年能见到它一次，下次接近地球预计是在2062年。

中国是最早记录彗星的国家

在古代，欧洲人还没有认识到彗星是天体，而认为是大气层中的燃烧现象，因此没有把彗星作为天文学的研究对象。到16世纪，丹麦天文学家第谷·布拉赫在试图测量1577年出现的一颗大彗星跟地球之间的距离时，才认识到这个距离无论如何要比月亮与地球之间的距离远得多，才确认彗

↑哈雷彗星

星是天体而不是大气中的火球。

中国古代对彗星的认识就比较正确，早就认为是"星"。我国是世界上具有彗星最早记录的国家。《晋书·天文志》上有这样的晋代天文现象的记载："彗体无光，傅日而为光，故夕见则东指，晨见则西指。在日南北，皆随日光而指，顿挫其芒，或长或短。"

在我国古代史书中，对彗星的位置、运动和出现时期都有详细的记录，并为中外天文学家重视和利用。

从大约公元前2300年到公元1911年，我国史书上有554次关于彗星的记载，其中记为"彗星"的有256次。公元前613年的《春秋》史书上，就有"秋七月有星孛入于北斗"的记载，这是世界上最早的哈雷彗星记载。这些都是对世界天文科学研究很有价值的宝贵资料，是我国古代天文学家对人类作出的贡献。

知识链接

彗星一般由头和尾组成。头的中心是彗核，彗核的外面包着彗发，彗发的外面再包着彗云。彗尾有直的，弯的，或者两种混合的。尾巴有1条、2条以至数条。彗尾长短不一，最长的有几亿千米，有的彗星没有彗尾。

彗核是彗星的主要部分。彗尾一般要在彗星距离太阳3亿多千米时，才产生出来，和彗发差不多同时产生。这是太阳风的作用结果。一般彗星的彗尾大多在1000万千米至1.5亿千米之间，特别长的彗星尾巴可超过3亿千米。

宇宙的秘密

一起去看流星雨

流星体是太阳系内颗粒状的碎片，小至沙尘，大至巨砾。流星体进入地球（或其他行星）的大气层之后，在路径上发光并被看见的阶段则被称为流星。许多流星来自相同的方向，并在一段时间内相继出现，被称为流星雨。

流星的传说

晴天的夜晚，有时候会看到一道亮光划破夜空，一眨眼就不见了。这道闪光是流星落下来留下的痕迹。

在我国民间传说中，说每个人都有相应的一颗星。大人物的星星特别亮，老百姓的星星就比较暗淡。天上落下一颗星，地上就要死掉一个人。

俄罗斯民间就有这么一种传说：每个人都有一颗代表自己的星星在天上，人一生下来，这颗星就亮了起来，等到人一死，这颗星也就坠落下来了。

传说如此类似的原因，大概是由于世界各民族文化的发展和对自然的认识，大体上经历了一个类似的过程的缘故。

七大著名的流星雨

一、狮子座流星雨：在每年的11月14日至21日左右出现。一般来说，流星的数目大约为每小时10～15颗，但平均每33～34年狮子座流星雨会出现一次高峰期，流星数目可超过每小时数千颗。这个现象与坦普尔-塔特尔彗星的周期有关。流星雨产生时，流星看来像是由天空上某个特定的点发射出来，这个点称为"辐射点"，由于狮子座流星雨的辐射点位于狮子座，因而得名。

二、双子座流星雨：在每年的12月13日至14日左右出现，最高时流量可以达到每小时120颗，且流量极大的持续时间比较长。双子座流星雨源自小行星1983 TB，该小行星1983由IRAS卫星发现，科学家判断其可能是"燃尽"的彗星遗骸。双子座流星雨辐射点位于双子座，是著名的流星雨。

↑在民间传说中，每个人都有相应的一颗星星

三、英仙座流星雨：每年固定在7月17日到8月24日这段时间出现，它不但数量多，而且几乎从来没有在夏季星空中缺席过，是最适合非专业流星观测者观测的流星雨，位列全年三大周期性流星雨之首。彗星斯威夫特–塔特尔是英仙座流星雨之母，1992年该彗星通过近日点前后，英仙座流星雨大放异彩，流星数目达到每小时400颗以上。

四、猎户座流星雨：猎户座流星雨有两种，辐射点在参宿四附近的流星雨一般在每年的10月20日左右出现，而辐射点在V附近的流星雨则发生于10月15日到10月30日，极大日在10月21日。我们常说的猎户座流星雨是后者，它是由著名的哈雷彗星造成的，哈雷彗星每76年就会回到太阳系的核心区，散布在彗星轨道上的碎片，由于哈雷彗星轨道与地球轨道有两个相交点形成了著名的猎户座流星雨和宝瓶座流星雨。

五、金牛座流星雨：分为南金牛座流星雨和北金牛座流星雨。在每年的10月25日至11月25日左右出现，一般11月8日是其极大日，Encke彗星轨道上的碎片形成了该流星雨，极大日时平均每小时可观测到五颗流星曳空而过，虽然其流量不大，但由于其周期稳定，所以也是广大天文爱好者热衷的对象之一。

六、天龙座流星雨：在每年的10月6日至10日左右出现，极大日是10月8日，该流星雨是全年三大周期性流星雨之一，最高时流量可以达到每小时400颗。Giacobini-Zinner彗星是天龙座流星雨的本源。

七、天琴座流星雨：一般出现在每年的4月19日至23日，通常22日是极大日。该流星雨是我国最早记录的流星雨，在古代典籍《春秋》中就有对其在公元前687年大爆发的生动记载。这个流星雨已经被观察了2600年之久，他的母体是C/1861G1佘契尔彗星。该流星雨作为全年三大周期性流星雨之一在天文学中也占有着极其重要的地位。

知识链接

流星雨的产生一般认为是由于流星体与地球大气层相摩擦的结果（流星体可以是小行星带上的小行星），流星群往往是由彗星分裂的碎片产生，因此，流星群的轨道常常与彗星的轨道相关。成群的流星就形成了流星雨。流星雨看起来像是流星从夜空中的一点迸发并坠落下来。这一点或这一小块天区叫做流星雨的辐射点。通常以流星雨辐射点所在天区的星座给流星雨命名，以区别来自不同方向的流星雨。

↓ 狮子座流星雨

浪漫奇妙的星座

星座是指一群在天球上投影的位置相近的恒星的组合。不同的文明和历史时期对星座的划分可能不同。现代星座大多由古希腊传统星座演化而来，由国际天文学联合会把全天精确划分为88星座。人类启蒙以来，人们对星座寄托了许多浪漫的想象和寓意。

星座划分

现代国际天文学联合会用精确的边界把天空分为八十八个正式的星座，使天空每一颗恒星都属于某一特定星座。这些正式的星座大多都根据中世纪传下来的古希腊传统星座为基础。

而中国古代为了便于研究，也有类似划分星座的行为。例如我国很早就把天空分为三垣二十八宿。其中《史记·天官书》记载颇详。

三垣是北天极周围的3个区域，即紫微垣、太微垣、天市垣。

二十八宿是在黄道和白道附近的28个区域，即东方七宿、南方七宿、西方七宿、北方七宿。

而西方星座则起源于四大文明古国之一的古巴比伦。据说，所谓的黄道12星座等总共有20个以上的星座名称，在约5000年以前美索不达米亚时就已诞生。此后，古代巴比伦人继续将天空分为许多区域，提出新的星座。

在公元前1000年前后已提出30个星座。古希腊天文学家对巴比伦的星座进行了补充和发展，编制出了古希腊星座表。公元2世纪，古希腊天文学家托勒密综合了当时的天文成就，编制了48个星座。并用假象的线条将星座内的主要亮星连起来，把它们想象成动物或人物的形象，结合神话故事给它们起出适当的名字，这就是星座名称的由来。希腊神话故事中的48个星座大都居于北方天空和赤道南北。

星座的识别

星座在很久以前就被水手、旅行者当作识别方向的重要标志。随着科技的发展，星座用于方向识别的作用

逐渐减弱，但是航天器还是通过识别亮星来确定自身的位置和航向。对于星空爱好者来说，星座的识别往往是对于亮星的识别。

在北半球，小熊座的北极星是在星空确定方向最重要的依据。从天球坐标系可以看出，北极星的高度是与当地的纬度一致的；但实际上由于北极星并不明亮，人们通常把北斗的勺柄延长5倍处便能找到北极星。在精度要求不高的情况下，可以认为北极星所在的方向即北方。

在北半球低纬度地区，北斗星会落入地平线以下，此时可以根据与北斗七星相对的、呈"M"（或"W"）状的仙后座来确定北极星的位置。一旦识别出北极星和其他任何一颗恒星，整个星空就完全可以通过恒星的相对位置来识别。

在不同的季节，也可以通过其他星空中显著的特征定位，如冬季可以通过的明亮的猎户座轻而易举地找到双子座、大犬座、小犬座、金牛座、御夫座，甚至狮子座；秋季时可以通过飞马座的秋季四边形从而找到仙女座、英仙座、南鱼座等；而夏季大三角则是夏天星空中最容易找到的特征，此时可以找到天鹅座、天琴座、天鹰座、人马座、天蝎座、天龙座等。

◆◆◆ 星座的运动

星座看起来随着天球运动是由于地球自身的运动引起的，其中对星空变化较为显著的乃地球的自转和公转。由于地球自转，星空背景每天绕天轴转动一圈；星空也随着季节的变化而缓慢变化，经过一年之后，星空与一年之前的星空几乎一致。地球自转的旋转轴还有一个称作进动的长周期运动，其周期大约为25765年。这种运动引起北极点在恒星背景中的周期性漂移，这在天文学上称为岁差。在短时期内对星座的粗略观测可以忽略这种运动。

恒星都在做着高速移动。恒星的运动都可以分解为两者连线方向的径向速度和与之垂直的自行，其中自行会改变恒星在星空中的视位置。由于恒星距离地球太远，一般可以认为恒星在太空的位置是固定的。

↓夜空里的北斗七星

极光是宇宙发出的聚光灯

极光是由于太阳带电粒子（太阳风）进入地球磁场，在地球南北两极附近地区的高空夜间出现的灿烂美丽的光辉。在南极称为南极光，在北极称为北极光。

近观北极光

北极区的冬夜十分寒冷，观察者支起相机等待极光。晚上8点过后，突然在北方的天空出现一抹淡淡的白色光带，几分钟后，它慢慢地消失了。

一会儿，在方才出现的光带附近，又出现一抹光带，也是东西走向，在开始出现的一头有个亮边，似乎在变化，变亮。粗看整个光带像中国书法那漫不经心的一抹，头重尾轻。细看光带中间有发亮的竖纹，在慢慢移动，几分钟左右开始变暗。

突然，几乎就在头顶上，一片宏大的光幕垂了下来，强烈的黄白色的光把地面灌木丛的影子都显出来了。

雾时山坡的森林，地面的楼房，都显得渺小了。它横贯半个天空，看它远处一端，好像直落地面。

这个带状的巨大光幕在慢慢地游动，一些细小的光束又在整个光带内扭动、弯曲和漂移。大光带一边运动，一边改变容貌，一会儿折叠起来，一会儿又展开，再一会儿分成了两束。一束由一条像游龙似的光带变成垂满半个天空的卷曲的幕布，幕布下部边缘还像镶了一个亮边。

在10分钟内整个演出可以由左半个天空移到右半侧，但是无论怎样变化，它连成一体并不破裂。整个过程历时约20分钟。随后它慢慢变淡、消失，最后在夜空留下淡得几乎看不出来的一片白色的残迹……

极光闪过的地方

高纬度的地球两极附近地区，比如欧洲北部的挪威、瑞典等国家，一年之中能见到极光几十次，见多不怪。在中纬度的我国东北、内蒙古、新疆一带，有时偶尔也出现极光，这往往引起人们的恐慌与议论。

1982年6月18日晚10时10分前后，在内蒙古化德等几个县和河北省北部的隆化等几个县，人们都看到了耀眼的白色弧形的北极光，历时20分钟左右。

特别强大的极光有时候在中、低纬度地区也能看到，比如1859年9月1日，在低纬度的夏威夷群岛，人们就曾看到过极光。1872年2月4日在低纬度的印度孟买也曾出现过极光。这是因为特大量的带电粒子流射入大气层时，会形成大气里的附加电流，从而产生磁场。这个附加电流所产生的磁场会扰乱地磁场，影响地磁场的方向，在这种情况下极光就不仅发生在地球的两极附近，在中、低纬度地区也会出现。

当然，这种机会是极少极少的。其实极光不仅发生在夜里，白天也能产生，只不过由于白天太阳光很强，极光被太阳光湮没了，人们看不见罢了。

知识链接

太阳是一个庞大而炽热的气体球，它的表面温度在6000℃以上，中心温度更是高达1550000℃以上。太阳的内部进行着像氢弹爆炸那样的热核反应，经常处在激烈的活动中。

太阳内部活动特别激烈的时候，太阳表面能激起很高很高的旋涡，远远看去，太阳上出现了点点黑影，人们叫它太阳黑子。

出现太阳黑子或者太阳黑子特别多的日子，这种带电粒子流会大量产生。当这些带电粒子流的一部分射进地球外围稀薄的高空大气层时，大气中的氧、氮、氢、氖、氦等气体分子或原子受到来自太阳的带电粒子流的冲击和激发，就发出不同颜色的光，于是出现了极光。

↓美丽的极光

火星上的干冰世界

太阳系由内往外数的第四颗行星是火星，属于类地行星，在西方称为战神玛尔斯，中国则称为"荧惑"。火星基本上是沙漠行星，地表沙丘、砾石遍布，没有稳定的液态水体。二氧化碳为主的大气既稀薄又寒冷，沙尘悬浮其中，每年常有尘暴发生。火星的两极确有水冰与干冰组成的极冠，并且会随着季节消长。

探索火星面貌

火星是距太阳第四近，太阳系中第七大的行星。公转轨道离太阳227940000千米。火星在西方得名于神话中的战神，或许是由于它鲜红的颜色，所以火星有时被称为"红色行星"。在希腊人之前，古埃及人曾把火星作为农耕之神来供奉。后来的古希腊人把火星视为战神阿瑞斯，而古罗马人继承了希腊人的神话，将其称为战神玛尔斯。北欧神话里，火星是战神提尔。中国神话里火星又称"荧惑星"，是一个预言亡国和灾难的妖怪，由于火星呈红色，荧光像火，在五行中象征着火，它的亮度常有变化；而且火星在天空中运动，有时从西向东，有时又从东向西，情况复杂，令人迷惑，所以我国古代叫它"荧惑"，有"荧荧火光，离离乱惑"之意。在史前时代火星就已经为人类所知。由于它被认为是太阳系中人类最好的住所（除地球外），因而受到科幻小说家们的喜爱。但可惜的除了那条著名的被罗威尔"看见"的"运河"以及其他一些什么外，都只是虚构的。

火星的两极永久地被固态二氧化碳（干冰）覆盖着。这个冰罩的结构是层叠式的，它是由冰层与变化着的二氧化碳层轮流叠加而成。在北部的夏天，二氧化碳完全升华，留下剩余的冰水层。由于南部的二氧化碳从未完全消失过，所以我们无法知道在南部的冰层下是否也存在着冰水层。这种现象的原因还不知道，但或许是由于火星赤道面与其运行轨道之间的夹角的长期变化引起气候的变化造成的。或许在火星表面较深处也有水存在。这种因季节变化而产生的两极覆盖层的变化使火星的气压改变了25%左右。但是最近通过哈勃望远镜的观察却表明海盗号当时勘测时的环境并非是典型的情况。火星的大气现在似乎比海盗号勘测出的更冷、更干了。

◆◆ 冰与水的交际

　　一般来说，在火星的低压下，水无法以液态存在，只在低海拔区可短暂存在。而冰倒是很多，如两极冰冠就包含大量的冰。有人声称，火星南极冠的冰假如全部融化，可覆盖整个星球达11米深。另外，地下的水冰永冻土可由极区延伸至纬度约60°的

地方。因此推论会有更大量的水冻在厚厚的地下冰层，只有当火山活动时才有可能释放出来。史上最大的一次火山爆发是在水手谷形成时，大量水释出，造成的洪水刻画出众多的河谷地形，流入克里斯平原。另一次较小但较近期的一次，是在五百万年前科伯洛斯槽沟形成时，释出的水在埃律西姆平原形成冰海，至今仍能看见痕迹。对于火星上有冰存在的直接证据2008年6月20日被"凤凰号"探测器发现，凤凰号在火星上挖掘发现了八粒白色的物体，当时研究人员揣测这些物体不是盐就是冰，而四天后这些白粒就凭空消失了，因此这些白粒一定是升华了，而盐不会有这种现象。

　　并且,在火星全球勘测者所拍摄的高分辨率照片中就显示出有关液态

↓火星探秘——冰与水的轨迹

水的存在。尽管有很多巨大的洪水道和具有树枝状支流的河道被发现，但是未发现更小尺度的洪水来源。推测这些河道可能已被风化侵蚀，表示这些河道是很古老的。火星全球勘测者高解析照片也发现数百个在陨石坑和峡谷边缘上的沟壑。它们趋向坐落于南方高原、面向赤道的陨石坑壁上。因为没有发现部分被侵蚀或被陨石坑覆盖的沟壑，推测他们应是非常年轻的。短短6年，这个沟壑就出现了新的白色沉积物。美国航空航天局火星探测计划的首席科学家麦克·梅尔表示，只有含大量液态水才能形成这样的样貌。而水到底是出自降水、地下水或其他来源，至今仍是一个疑问。不过有人提议，这可能是二氧化碳霜或是地表尘埃移除造成的。另外一个关于火星上曾存在液态水的证据，就是发现了特定矿物，如赤铁矿和针铁矿，而这两者都需在有水环境才能形成。2008年7月31日，美国航空航天局科学家宣布，凤凰号火星探测器在火星上加热土壤样本时鉴别出有水蒸气产生，也有可能是被太阳烤干了，因为火星离太阳近，从而最终确认火星上有水存在。

扩展阅读

2000年，美国于南极洲发现了一块火星陨石，编号为ALH84001，这是一块碳酸盐陨石。美国国家航空航天局声称在这块陨石上发现了一些类似微体化石结构，有人认为这可能是火星生命存在的证据，但有人认为这只是自然生成的矿物晶体。但直到2004年，争论双方仍然没有任何一方占据上风。"维京号"曾做实验检测火星土壤中可能存在的微生物。实验限于维京号的着陆点并给出了阳性的结果，但随后即被许多科学家所否定。由于火星同其他行星相比，火星最像地球，所以，将来人类若对外星移民，它很可能是我们的首选地点。科学家们确信，火星上曾经确实存在过水，且有可能曾经有过生命出现。

↓水是孕育地球多彩生命的源泉

天下陨石之谜

2010年，浙江省庆元县民间流传道：庆元县松源镇下滩村的小溪里发现了不少"陨石"，更重要的是这些"陨石"很值钱，可与黄金媲美，在国外每克可以卖到20～50美元，一时间，挖石人蜂拥而至，有背锄头的，有扛钢钎的，甚至有人开来了挖掘机，小山村沸腾了，最多时有上百人同时开挖，似乎谁都不想错过这发财的好机会。

神秘陨石降落人间

在火星和木星的轨道之间有一条小行星带，它就是陨石的故乡，这些小行星在自己轨道运行，并不断地发生着碰撞，有时会被撞出轨道奔向地球，在进入大气层时，与之摩擦发出光热便是流星。流星进入大气层时，产生的高温、高压与内部不平衡，便发生爆炸，就形成陨石雨。未燃尽者落到地球上，就成了陨石。科学家们说，我们地球每天都要接受5万吨这样的"礼物"。它们大多数在距地面10～40公里的高空就已燃尽，即便落在地上也难以找到。它们在宇宙中运行，由于没有其他的保护，所以直接受到各种宇宙线的辐射和灾变，而其本身的放射性加热不能使它有较大的变化。对于它的研究范围有着相当广阔的领域，比如高能物理、天体演变、地球化学、生命的起源等。近年来，科学家们在二三十亿年前的陨石中大量发现原核细胞和真核细胞。因此科学家断定，在宇宙中甚至是太阳系在45亿年前就有生命存在。在含碳量高的陨石中还发现了大量的氨、核酸、脂肪酸，色素和11种氨基酸等有机物，因此，人们认为地球生命的起源与陨石有相当大的关系。目前世界上保存最大的铁陨石是非洲纳米比亚的戈巴铁陨石，重约60吨；其次是格林兰的约角1号铁陨石，重约33吨；我国新疆铁陨石，重约28吨，是世界第三大铁陨石；世界上最大的石陨石是吉林陨石，以收集的样品总重为2550公斤，吉林1号陨石，重1770公斤，是人类已收集的最大的石陨石块体。

↑陨石在降落过程中与大气发生摩擦产生高温，使其表面发生熔融而形成一层薄薄的熔壳

神秘陨石的鉴定

鉴定一块样品是否为陨石，可以从几个方面考虑：

外表熔壳——陨石在陨落地面以前要穿越稠密的大气层，陨石在降落过程中与大气发生摩擦产生高温，使其表面发生熔融而形成一层薄薄的熔壳。因此，新降落的陨石表面都有一层黑色的熔壳，厚度约为1毫米。

表面气印——由于陨石与大气流之间的相互作用，陨石表面还会留下许多气印，就像手指按下的手印。

◆ 宇宙的秘密

内部金属——铁陨石和石铁陨石内部是由金属铁组成的，这些铁的镍含量很高一般是5% ~ 10%，并且，球粒陨石内部也有金属颗粒，在新鲜断裂面上能看到细小的金属颗粒。

磁性——正因为大多数陨石含有铁，所以95%的陨石都能被磁铁吸住。

球粒——大部分陨石是球粒陨石，它的含量占总数的90%，这些陨石中有大量毫米大小的硅酸盐球体，称作球粒。在球粒陨石的新鲜断裂面上能看到圆形的球粒。

比重——铁陨石的比重远远大于地球上一般岩石的比重。而球粒陨石由于含有少量金属，其比重也较重。

扩展阅读

科学家说，按照地球形成理论的说法，地球上的贵金属早已沉入地核，人类不可能开采出大量的黄金。但如今已开采出的大量黄金和其他贵金属从何而来呢？英国布里斯托尔大学最近对地球上最古老岩石进行的超高精度分析证明，这些贵金属是地球形成两亿多年后，随陨石落到地面的。科学家断定，这些多出来的贵金属来自陨石雨的撞击。为了检验这一理论，科学家对来自格陵兰近40亿年前的古老岩石进行了分析，其地质年代恰好处于地核形成后不久，当时地球被2000亿吨的陨石物质轰击，结果发现，现在经济社会和关键工业中的大部分贵金属，都来自陨石的"轰炸"。

神奇的世界

第二章

浩瀚宇宙——探索宇宙的奥秘

　　宇宙是如何诞生的？宇宙中还存在其他的"太阳系"吗？宇宙中的射线来自哪里？星系会互相吞食吗？宇宙尘埃从哪里来……浩瀚的宇宙，给我们留下太多的遐想，今天，我们就一起去发现和探索宇宙的奥秘。

宇宙的起源：众说纷纭

宇宙是如何起源的？空间和时间的本质是什么？这是从两千多年前的古代哲学家到现代天文学家一直都在苦苦思索的问题。直至20世纪，有两种"宇宙模型"比较有影响，一是稳态理论，一是大爆炸理论。

大爆炸宇宙论与哈勃定律

1927年，比利时数学家勒梅特提出"大爆炸宇宙论"。他认为最初宇宙的物质集中在一个超原子的"宇宙蛋"里，在一次无与伦比的大爆炸中分裂成无数碎片，形成了今天的宇宙。

1948年，俄裔美籍物理学家伽莫夫等人又详细勾画出宇宙由一个致密炽热的奇点于150亿年前一次大爆炸后，经一系列元素演化到最后形成星球、星系的整个膨胀演化过程的图像。但是该理论存在许多使人迷惑之处。

宏观宇宙是相对无限延伸的。"大爆炸宇宙论"关于宇宙当初仅仅是一个点，而它周围却是一片空白，人类至今还不能确定范围也无法计算质量的宇宙压缩在一个极小空间内的假设只是一种臆测。况且，从能量与质量的正比关系考虑，一个小点无缘无故地突然爆炸成浩瀚宇宙的能量从何而来呢？

1929年，美国天文学家哈勃提出了星系的红移量与星系间的距离成正比的哈勃定律，并推导出星系都在互相远离的宇宙膨胀说。

哈勃定律只是说明了距离地球越远的星系运动速度越快——星系红移量与星系距离呈正比关系。但他没能发现很重要的另一点——星系红移量与星系质量也呈正比关系。

星系外移为什么红移多、紫移少

宇宙中星系间距离非常非常遥远，光线传播因空间物质的吸收、阻挡会逐渐减弱，那些运动速度越快的星系就是质量越大的星系。

质量大，能量辐射就强，因此我们观察到的红移量极大的星系，当然是质量极大的星系。这就是被称做"类星体"的遥远星系因质量巨大而红移量巨大的原因。

另外，那些质量小、能量辐射弱的星系则很难观察到，于是我们现在看到的星系大多呈红移。而银河系内的恒星由于距地球近，大小恒星都能看到，所以恒星的红移紫移数量大致相等。

导致星系红移多、紫移少的另一原因是：宇宙中的物质结构都是在一定范围内围绕一个中心按圆形轨迹运动的，不是像大爆炸宇宙论描述的从一个中心向四周做放射状的直线运动。因此，从地球看到的紫移星系范围很窄，数量极少，只能是与银河系同一方向运动的，前方比银河系小的星系；后方比银河系大的星系。只有将来研制出更高分辨程度的天文观测仪器才能看到更多的紫移星系。

知识链接

宇宙起源的问题有点像这个古老的问题：是先有鸡呢，还是先有蛋。换句话说就是，何物创生宇宙，又是何物创生该物呢？

关于宇宙如何起始的争论贯穿了整个记载的历史。基本上存在两个思想学派。许多早期的传统，以及犹太教、基督教和伊斯兰教认为宇宙是相当近的过去创生的。

另外，古希腊哲学家亚里士多德等人，不喜欢宇宙有个开端的思想。他们觉得这意味着神意的干涉。他们宁愿相信宇宙已经存在了并将继续存在无限久。某种不朽的东西比某种必须被创生的东西更加完美。

↓哈勃太空望远镜

宇宙中充满了像蛛丝一样的绳

宇宙中充满了像蛛丝一样的绳。这些绳的性质是异乎寻常的，它像蛛丝，但比原子还要细，你可以穿过它走路而绝发现不了它。一英寸这样长的绳，大约就有科罗拉多山脉加在一起的质量；它的强度也极大，如果有地方拴住它的话，能绰绰有余地把地球拖到半人马星座α星那里而不会折断……这是一种怎样的绳？它又从何而来呢？

奇特的宇宙绳论

关于宇宙的起源，已提出多种学说来加以解释，其中最有影响的学说就是大爆炸论。一些物理学家预言，大爆炸曾经涌出成群的磁单极子至今仍在宇宙中游荡着，另一些科学家则认为宇宙初期产生的是密集的小黑洞，但有一些学者却喋喋不休诉说宇宙形成于一种夸克和胶子组成的宇宙糊，而还有一些科学家在大声惊叹我们宇宙似乎是变化多端、沸腾多泡大

宇宙之中的一个泡……今天，科学家们又开始说宇宙中充满着"绳"。

这种"绳论"是怎么回事呢？根据1981年这个理论创始人之一维伦金的意见，宇宙大爆炸所产生的力量，应该形成无数细而长且能量高度聚集的管子，这种管子便叫"绳"。

维伦金指出，绳的性质是异乎寻常的。它像蜘蛛丝，但远比原子还细，你可穿过它走路而绝发现不了它。可是，一英寸这样长的绳，大约就有科罗拉多山脉加在一起的质量。它的一种奇特性质，是拥有巨大质量而缺乏通常大家熟知的物质性质，例如，不对其他物质施加通常的引力作用。它的强度也极大，如果有地方拴住它的话，能绰绰有余地把地球拖到半人马星座α星那里而不会折断。

如何观测到宇宙绳

拥有如此奇特性质的"绳"，我们如何能观测到它呢？维伦金说，根据复杂的理论计算，这种无限的绳，在宇宙中是稀疏分布的，也许每

隔二百亿光年左右的距离才有一根。但是，如果有某根无尽的长绳碰巧在几十亿光年远的地方绕过我们宇宙的一角，那么我们是能观测出的。办法是通过望远镜看某个类星体。类星体是距我们有几十亿光年的一种不寻常的明亮天体。倘若在地球和类星体之间有绳的存在，它是会使类星体的光稍微发生偏离，这样类星体就产生两个影像，我们就可看到"成对"的类星体了（虽然绳不施加通常的引力，但它巨大的质量却产生有如引力一样的效应，引起类星体光的偏离）。天文学家已经观察到大约6对这样的类星体。尽管它们的特殊光谱的形成或许另有原因，然而只要我们找到很多对类星体后，再越过天空搜索这些线迹，就会寻觅到一条宇宙绳的。

还有一种观察"绳"存在的途径是基于这样的事实：即如果绳真正是宇宙初期扰动阶段形成的，它们就会猛烈振动，由于巨大的质量，这种振动会发射出丰富的引力能量周期性脉冲——引力波。而这些引力波自产生起，一直在衰减着，并在地球绕日运动过程中，出现缓慢的有规律的扰动。他说，天文学家可能检测出这种效应来。那时，将为我们提供宇宙之中是否存在宇宙绳的证据了。

↓宇宙绳与宇宙大爆炸有关

宇宙还在不断膨胀吗

秋日晴夜，万里无云，星星忽闪着红色的、蓝色的或白色的光芒，像是在向人们眨眼睛。偶尔有一流星划过夜空，留下一条长长的光迹。躺在草地上仰望星空，不禁心驰神往、遐思万里：宇宙多么深邃，多么奇妙啊！

哈勃定律证实宇宙在不断膨胀

1929年，美国天文学家哈勃根据"所有星云都在彼此互相远离，而且离得越远，离去的速度越快"这样一个天文观测结果，得出结论认为：整个宇宙在不断膨胀，星系彼此之间的分离运动也是膨胀的一部分而不是由于任何排斥力的作用。

其后的宇宙膨胀学说提出：我们可以假设宇宙是一个正在膨胀的气球，而星系是气球表面上的点，我们就住在这些点上。我们还可以假设星系不会离开气球的表面，只能沿着表

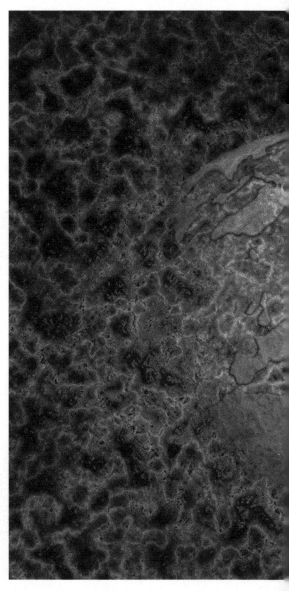

宇宙的秘密

面移动而不能进入气球内部或向外运动……如果宇宙不断膨胀，也就是说，气球的表面不断地向外膨胀，则表面上的每个点彼此离得越来越远，其中某一点上的某个人将会看到其他所有的点都在退行，而且离得越远的点退行速度越快。

↓奇妙的宇宙

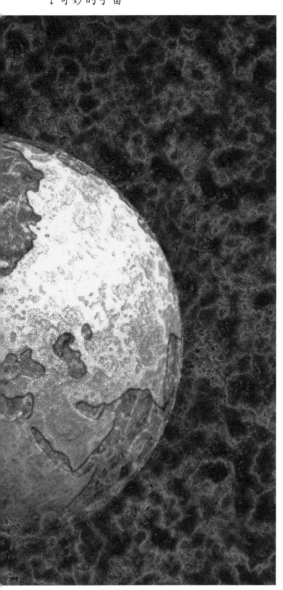

宇宙在大尺度上是均匀的

科学界普遍认为，我们的宇宙产生于大约150亿年前的一次大爆炸，在那之后，宇宙就不断地膨胀至今。

人们还发现了在全天范围内宇宙的温度惊人的一致。大爆炸理论认为，这表明了大爆炸之初的高速膨胀就像吹气球一样"抹平"了宇宙间物质分布的不均匀性。尽管我们用肉眼看到的天体并非均匀分布在整个天空，但是在宇宙学的尺度上，物质确实是均匀分布的。

扩展阅读

我们追问宇宙的过去和未来，发现宇宙是如此博大，又如此神奇。其实，我们从哪里来，又到哪里去？生命的起源至今还是个谜。科学是一个不断扩大的疆界，新的科学发现有助于我们越来越精确地阐述问题。然而，要想得出答案，还有很长的路要走。正如霍金所言：我们已经发现了很多支配宇宙的规律，但我们并不知道，它们是如何融为整体的，又为什么如此和谐，能孕育出生命？"我相信我们能够找到所有的答案。"或许，生物的构造、功能和智慧本身更是奇迹，宇宙中最大的神奇就是人类自己。

神秘的暗物质

在宇宙学中，暗物质是指那些不发射任何光及电磁辐射的物质。人们目前只能通过引力产生的效应得知宇宙中有大量暗物质的存在。现代天文学研究表明：我们目前所认知的部分大概只占宇宙的4%，暗物质占了宇宙的23%，还有73%是一种导致宇宙加速膨胀的暗能量……这样的百分比是否会让你目瞪口呆呢？宇宙之大，远远超过我们的想象。

暗物质也许就存在于地球之上

根据科学家们的理论，暗物质通常也不会与大多数常规物质结合。有的观点却认为，暗物质能够直接穿越地球、房屋和人们的身体，就存在于我们的周围。

美国明尼苏达大学的科学家也声称，他们最近发现了两起事件，可能是由暗物质撞击探测器所引起的：位于明尼苏达州地下大约700米的一个矿井中，研究人员探测到的两个信号，究竟是由暗物质粒子还是由其他粒子引起的，科学家们还无法确定。但值得一提的是，除了暗物质，其他任何物质完全被阻止抵达实验设备。

地球上另一项探寻暗物质的尝试聚焦于强大的粒子加速器，这类加速器可以将亚原子粒子加速到接近光速，然后让它们相互碰撞。科学家们希望通过这种难以置信的高速碰撞从而产生奇异粒子，其中包括暗物质粒子。

相信人类的不断探索，终有一天会解开暗物质"模糊、朦胧"的神秘面纱。

暗物质激活了沉睡的黑洞

天文学家发现，在早期宇宙中的一些星系，也就是距离我们非常遥远的宇宙空间，其中央超大质量黑洞就像个可怕的"宇宙怪物"，不断地吞噬着恒星等星系物质，而这些物质落入黑洞的时候发出强烈的辐射。

这里就出现了一个未解之谜：这些星际物质看上去像是落入了沉睡中的

超大质量黑洞中，并使其迸发出强烈的辐射，从这些表征上看就像一个活动星系核。而这些星系物质是否在激活黑洞的进程中扮演了重要角色呢？

许多天文学家认为，当两个星系进行相互碰撞、合并，或者相互靠近，利用强大的引力摄取对方的星系物质变成自己的"燃料"提供给星系中央的超大质量黑洞时，黑洞由于摄取了这些物质，变得活跃起来，就像一头沉睡的宇宙怪物，吞噬了大量的物质后被激活了。

黑洞的激活、吞噬行为并不是由星系的合并所主导，而是由星系本身某种机制在调控，或者说随机的事件所引发，比如星系盘的不稳定、星爆事件等。而且，大量的暗物质存在更

是将黑洞激活理论笼罩在神秘的迷雾之中。

扩展阅读

暗物质被认为是宇宙研究中一个最具挑战性的课题，虽然科学家从未发现暗物质存在的直接证据，但并不妨碍他们继续寻找。

西班牙一位物理学家领导的一个研究小组日前设计出新型暗物质探测器，外形酷似科幻大片《黄金罗盘》的道具。

这个名为"闪烁辐射热测量仪"的探测器，其核心是一个纯度极高的水晶体，可以传导暗物质粒子撞击其原子核时产生的能量。为避免受宇宙射线干扰，辐射热测量仪表面覆盖一层铅，保存于地下，上面是厚达半英里的岩层。

↓至今发现的最小黑洞

中子星和脉冲星

如果你还在为白矮星的巨大密度而惊叹不已的话，这里还有让你更惊讶的事呢！我们将在这里介绍一种密度更大的恒星：中子星。另外，还会介绍一种喜欢"调皮捣蛋"的恒星：脉冲星。

中子星：每立方厘米的质量为一亿吨

中子星是处于演化后期的恒星，它是在老年恒星的中心形成的。根据科学家的计算，当老年恒星的质量大于十个太阳的质量时，它就有可能最后变为一颗中子星，而质量小于十个太阳的恒星往往只能变化为一颗白矮星。

中子星的密度为 10^{11} 千克/立方厘米，也就是每立方厘米的质量竟为一亿吨之巨。乒乓球大小的中子星相当于地球上一座山的重量，而一个中子化的火柴盒大小的物质，需要96000个火车头才能拉动！

脉冲星：调皮的"小绿人一号"

最早时，人们认为恒星是永远不变的。而大多数恒星的变化过程是如此的漫长，人们也根本觉察不到。然而，

并不是所有的恒星都那么平静。后来，人们发现，有些恒星也很"调皮"，变化多端。于是，就给那些喜欢变化的恒星起了个专门的名字，叫"变星"。

脉冲星发射的射电脉冲的周期性非常有规律。一开始，人们对此很困惑，甚至曾想到这可能是外星人在向我们发电报联系。据说，第一颗脉冲星就曾被叫做"小绿人一号"。

经过几位天文学家一年的努力，终于证实，脉冲星就是正在快速自转的中子星。而且，正是由于它的快速自转而发出射电脉冲。

扩展阅读

脉冲星被认为是"死亡之星"，是恒星在超新星阶段爆发后的产物。超新星爆发之后，就只剩下了一个"核"，仅有几十公里大小，它的旋转速度很快，有的甚至可以达到每秒714圈。在旋转过程中，它的磁场会使它形成强烈的电波向外界辐射。脉冲星就像是宇宙中的灯塔，源源不断地向外界发射电磁波，这种电磁波是间歇性的，而且有着很强的规律性。正是由于其强烈的规律性，脉冲星被认为是宇宙中最精确的时钟。

↓脉冲星是在1967年首次被发现的

星系筑建宇宙"岛屿"

星系，是宇宙中庞大的星星的"岛屿"，它也是宇宙中最大、最美丽的天体系统之一。到目前为止，人们已在宇宙观测到了约1000亿个星系。它们中有的离我们较近，我们可以清楚地观测到它们的结构；有的非常遥远，目前所知最远的星系离我们有将近150亿光年。

美丽的银河系

在没有灯光干扰的晴朗夜晚，如果天空足够黑，你可以看到天空中有一条弥漫的光带。这条光带就是我们置身其内而侧视银河系时所看到的它的布满恒星的圆面——银盘。银河系内有约两千多亿颗恒星，只是由于距离太远而无法用肉眼辨认出来。由于星光与星际尘埃气体混合在一起，因此看起来就像一条烟雾笼罩着的光带。

银河系的中心位于人马座附近。银河系是一个中型恒星系，它的银盘直径约为12万光年。它的银盘内含有大量的星际尘埃和气体云，聚集成了颜色偏红的恒星形成区域，从而不断地给星系的旋臂补充炽热的年轻蓝星，组成了许多疏散星团或称银河星团。已知的这类疏散星团约有1200多个。银盘四周包围着很大的银晕，银晕中散布着恒星和主要由老年恒星组成的球状星团。

星系、星团、星云的区别

星系

在茫茫的宇宙海洋中，有千姿百态的"岛屿"，星罗棋布，上面居住着

↓在宇宙空间里的星团

无数颗恒星和各种天体，天文学上被称为星系。我们居住的地球就在一个巨大的星系——银河系之中。在银河系之外的宇宙中，像银河这样的太空巨岛还有上亿个，它们统称为河外星系。

星团

在银河系众多的恒星中，除了以单个的形式，或组成双星、聚星的形式出现外，也有以更多的星聚集在一起的。星数超过10颗以上，彼此具有一定联系的恒星集团，称为星团。

星云

星云是一种由星际空间的气体和尘埃组成的云雾状天体。星云中的物质密度是非常低的。如果拿地球上的标准来衡量，有些地方几乎就是真空。但星云的体积非常庞大，往往方圆达几十光年。因此，一般星云比太阳还要重得多。

知识链接

人马座呈现的是半人半马的形态，具有动物和人类双重面目，据说是古希腊神话中著名的先知、医生和学者喀戎的化身。他是希腊著名大英雄伊阿宋、阿喀琉斯和埃涅阿斯的抚养者。它是黄道星座之一。它处的中心位置是赤经19时0分，赤纬-28°。在蛇夫座之东，摩羯座之西。位于银河最亮部分。银河系中心就在人马座方向。座内有亮于4等的星20颗。弥漫星云M8肉眼可见。

↓夜空里的人马座

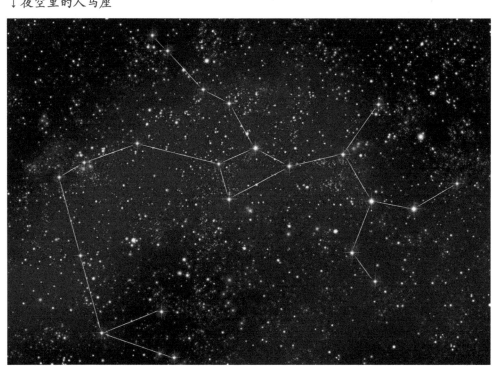

宇宙的"生与死"

宇宙起源时间关系到其中的星体的寿命长短，关系到星系的构成和运动，还关系到宇宙最终将无限制地膨胀下去，还是会在膨胀到一定程度时转为收缩，这些都是天文学界的重要课题。

宇宙年龄的推算

研究小组使用一种叫做引力透镜的技术测量了从明亮活动星系释放的光线沿着不同路径传播至地球的距离，通过理解每个路径的传播时间和有效速度，研究人员推断出星系的距离，同时可分析出它们膨胀扩张至宇宙范围的详细情况。

科学家经常很难识别宇宙中遥远星系释放的明亮光源和近距离昏暗光源之间的差异，引力透镜回避了这一问题，能够提供远方光线传播的多样化线索。这些测量信息使研究人员可以测定宇宙的体积大小，并且天体物理学家可以用哈勃常数进行表达。

宇宙的命运和弗里德曼方程

根据天文观测和宇宙学理论，可以对可观测宇宙未来的演化作出预言。均匀各向同性的宇宙的膨胀满足弗里德曼方程。多年来，人们认为，根据这一方程，物质的引力会导致宇宙的膨胀减速。宇宙的最终命运决定于物质的多少：如果物质密度超过临界密度，宇宙的膨胀最后会停止，并逆转为收缩，最终形成与大爆炸相对的一个"大坍缩"；如果物质密度等于或低于临界密度，则宇宙会一直膨胀下去。另外，宇宙的几何形状也与密度有关： 如果密度大于临界密度，宇宙的几何应该是封闭的；如果密度等于临界密度，宇宙的几何是平直的；如果宇宙的密度小于临界密度，宇宙的几何是开放的。并且，宇宙的膨胀总是减速的。

然而，根据近年来对超新星和宇宙微波背景辐射等天文观测，虽然物质的密度小于临界密度，宇宙的几何却是平直的，也即宇宙总密度应该等于临界密度。并且，膨胀正在加速。

宇宙的秘密

这些现象说明宇宙中存在着暗能量。不同于普通所说的"物质"，暗能量产生的重力不是引力而是斥力。在存在暗能量的情况下，宇宙的命运取决于暗能量的密度和性质，宇宙的最终命运可能是无限膨胀，渐缓膨胀趋于稳定，或者是与大爆炸相对的一个"大坍缩"，或者也可能膨胀不断加速，成为"大撕裂"。

扩展阅读

在印度北部的一个佛教的圣庙里，桌上的黄铜板上，放着三根宝石针，每根长约0.5米。在其中的一根针上，自上而下由大到小放了64片金片。每天24小时内，都有僧侣值班，按照以下的规律，不停地把这些金片在三根宝石针上移来移去：每次只准移动一片，且不论在哪根针上，较小的金片只能放在较大的金片上。当所有64片金片都从梵天创造世界时所放的那根针上移到另一根针上时，世界的末日就要到临。

如果僧侣移动金片一次需要1秒钟，移动这么多次共需约5845亿年。恒星特别是给太阳提供能量的"原子燃料"还能维持100亿～150亿年。因此，我们太阳系的整个寿命无疑要短于200亿年。可见远不等僧侣们完成任务，地球早已毁灭了。

↓至今，宇宙中存在着很多不被人所知的暗能量

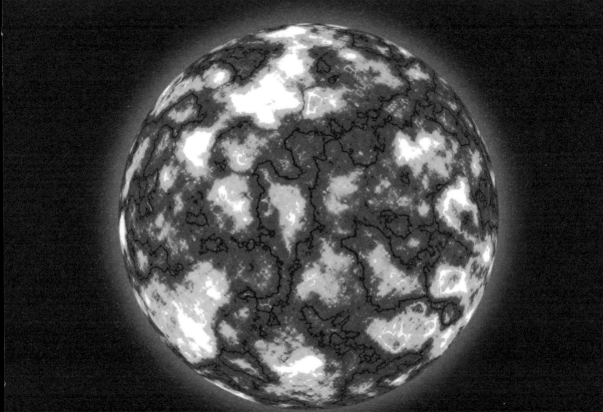

宇宙中的"黑骑士"之谜

黑洞是一种引力极强的天体，就连光也不能逃脱。说它"黑"，是指它就像宇宙中的无底洞，任何物质一旦掉进去，"似乎"就再不能逃出。现在，就让我们试着接近这宇宙中的"黑骑士"吧！

巨型黑洞

宇宙中大部分星系，包括我们居住的银河系的中心，都隐藏着一个超大质量黑洞。这些黑洞质量大小不一，从100万个太阳质量到100亿个太阳质量。

天文学家们通过探测黑洞周围吸积盘发出的强烈辐射推断这些黑洞的存在。物质在受到强烈黑洞引力下落时，会在其周围形成吸积盘盘旋下降，在这一过程中势能迅速释放，将物质加热到极高的温度，从而发出强烈辐射。黑洞通过吸积方式吞噬周围的物质，这可能就是它的成长方式。

最小的黑洞与最大的黑洞

最小的黑洞仅是太阳质量的3.8倍，其直径为24公里，仅比纽约曼哈顿岛大一些。尽管这个被称为"XTE J1650-500"的黑洞算是小个头，但它却是极具破坏性的"引擎"。它与其他黑洞一样，从伴星那里偷取气体，使自己升温，基于XTE J1650-500黑洞的质量，它释放X射线的强度呈周期性变化。天文学家通过观测这种微小的变化，能够测量这颗黑洞的质量。

迄今为止，科学家发现宇宙中最大质量黑洞的质量是太阳的180亿倍，是此前纪录保持者的6倍，它的质量相当于一颗小型星系。这个庞然大物潜伏在OJ287类星体，该类星体距离地球35亿光年。2008年，天文学家通过观测一个较小黑洞(该黑洞的质量相当于太阳的1亿倍)的轨道所受这个庞然大物黑洞的引力场作用，从而测量这个超大黑洞的质量。

黑洞爆炸

在2001年1月，英国圣安德鲁大学

著名理论物理科学家宣布将在实验室中制造出一个黑洞，当时没有人对此感到惊讶。然而俄罗斯《真理报》日前披露科学家的预言：黑洞不仅可以在实验室中制造出来，而且50年后，具有巨大能量的"黑洞炸弹"将使如今人类谈虎色变的"原子弹"也相形见绌。

俄罗斯科学家认为，能吞噬万物的真正宇宙黑洞也完全可以通过实验室"制造出来"：一个原子核大小的黑洞，它的能量将超过一家核工厂。如果人类有一天真的制造出黑洞炸弹，那么一颗黑洞炸弹爆炸后产生的能量，将相当于数颗原子弹同时爆炸，它至少可以造成10亿人死亡。

知识链接

科学家们提出设想：既然宇宙中有黑洞，那么一定存在"白洞"。黑洞可以用强大的吸力把任何物体都吸进去，而白洞可以把这些东西都吐出来。

白洞也有一个与黑洞类似的封闭的边界，但与黑洞不同的是，白洞内部的物质和各种辐射只能经边界向边界外部运动，而白洞外部的物质和辐射却不能进入其内部。形象地说，白洞好像一个不断向外喷射物质和能量的源泉，它向外界提供物质和能量，却不吸收外部的物质和能量。

到目前为止，白洞还仅仅是科学家的猜想。

↓宇宙中大部分星系的中心都隐藏着一个超大质量黑洞

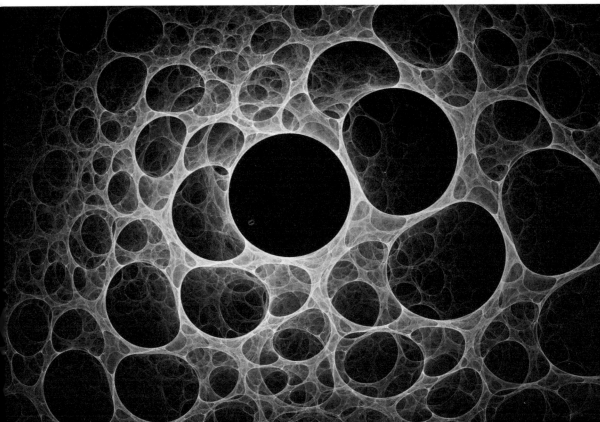

神奇的世界

第三章

银河系——壮阔璀璨的旋涡星系

　　科学研究表明：银河系是太阳系所在的恒星系统，包括一千二百亿颗恒星和大量的星团、星云，还有各种类型的星际气体和星际尘埃。那么银河系中有哪些奇异的天体？星际尘埃是怎样产生的？银河系有哪些左邻右舍呢？让我们走进壮阔璀璨的银河系，一起去领略它的奇异景观，探索未解之谜。

走近壮阔璀璨的银河系

银河系在天空上的投影像一条流淌在天上闪闪发光的河流一样，所以古称银河或天河。一年四季都可以看到银河，只不过夏秋之交看到的是银河最明亮壮观的部分。

撩开银河系的面纱

银河系是太阳系所在的恒星系统，包括1200亿颗恒星和大量的星团、星云，还有各种类型的星际气体和星际尘埃。它的直径约为100,000多光年，中心厚度约为12,000光年，总质量是太阳质量的1400亿倍。

银河系是一个旋涡星系，具有旋涡结构，即有一个银心和两个旋臂，旋臂相距4500光年。

银河系侧看像一个中心略鼓的大圆盘，整个圆盘的直径约为10万光年。鼓起处为银心是恒星密集区，所以望去白茫茫的一片。银河系俯视呈旋涡状，有4条螺旋状的旋臂从银河系

中心均匀对称地延伸出来。银河系中心和4条旋臂都是恒星密集的地方。

发现银河系的漫长过程

银河系的发现经历了漫长的过程。望远镜发明后，伽利略首先用望远镜观测银河，发现银河由恒星组成。而后，赖特、康德、朗伯等认

为，银河和全部恒星可能集合成一个巨大的恒星系统。

18世纪后期，F.W.赫歇尔用自制的反射望远镜开始恒星计数的观测，以确定恒星系统的结构和大小，他断言恒星系统呈扁盘状，太阳离盘中心不远。他去世后，其子J.F.赫歇尔继承父业，继续进行深入研究，把恒星计数的工作扩展到南天。

20世纪初，天文学家把以银河为表观现象的恒星系统称为银河系。J.C.卡普坦应用银河系统计视差的方法测定恒星的平均距离，结合恒星计数，得出了一个银河系模型。在这个模型里，太阳居中，银河系呈圆盘状，直径8千秒差距，厚2千秒差距。H.沙普利应

↓使用天文望远镜观测银河系

用造父变星的周光关系，测定球状星团的距离，从球状星团的分布来研究银河系的结构和大小。他提出的模型是：银河系是一个透镜状的恒星系统，太阳不在中心。沙普利得出结论：银河系直径80千秒差距，太阳离银心20千秒差距。这些数值太大，因为沙普利在计算距离时未计入星际消失。

20世纪20年代，银河系自转被发现以后，沙普利的银河系模型得到公认。银河系是一个巨型棒旋星系（旋涡星系的一种），Sb型，共有4条旋臂，包含一二千亿颗恒星。银河系整体作较差自转，太阳处自转速度约220千米/秒，太阳绕银心运转一周约2.5亿年。银河系的目视绝对星等为－20.5等，银河系的总质量大约是我们太阳质量的1万亿倍，10倍于银河系全部恒星质量的总和。这是我们银河系中存在范围远远超出明亮恒星盘的暗物质的强有力证据。

扩展阅读

银河系中的第一代恒星具有非常大的质量，超过太阳质量的100倍。在这样的恒星内部，核聚变反应极其快速，甚至只持续几百万年，因此，这些最早形成的恒星已经死亡、消失了很长时间。

但是，与银河系的年龄相比，由于它们的形成时间与人们今天在银河系中观测到的最年老恒星的形成时间之差完全可以忽略不计，因此，可以把这些最年老恒星的年龄看做银河系的年龄。

↑银河系在天空上的投影像一条流淌在天上闪闪发光的河流一样

第三章　银河系——壮阔璀璨的旋涡星系

古今中外银河系的神话传说

浩瀚宇宙，星光灿烂，幽寂的夜空任我们的想象去驰骋。那一段段美丽动人的传说，总会打动我们的心灵，古往今来，在时间的河流里代代传唱。

中国古代文化中的银河系

"飞流直下三千尺，疑是银河落九天。"中国古代文化视银河为天河，把注意力扩大到河东和河西的牛郎织女两个星座，想象编造出牛郎织女爱情的故事。那么美好的爱情，中间偏偏出现个王母娘娘从中作梗，女子们没有力量反抗，只好通过鹊桥相会和"乞巧"的方式，获得精神上的寄托和安慰。东方文化是这样的委婉含蓄。

唐朝顾况的《宫词》中便有一句"水晶帘卷近秋河"，这里的"秋河"说的就是银河。再如李商隐在《嫦娥》中写有"长河渐落晓星沉"这样的诗句。

国外关于银河系的神话传说

世界各地有许多创造天地的神话是围绕银河系发展出来。很特别的是，古希腊就有两个相似的神话故事解释银河是怎么来的。有些神话将银河和星座结合在一起，认为成群牛只的乳液将深蓝色的天空染白了。在东亚，人们相信天空中群星间的雾状带是银色的河流，也就是我们所说的天河。

依据古希腊神话，银河是赫拉在发现宙斯以欺骗的手法诱使她去喂食年幼的赫拉克勒斯，因而溅洒在天空中的乳汁。另一种说法则是赫耳墨斯偷偷地将赫拉克勒斯带去奥林匹斯山，趁着赫拉沉睡时偷吸她的乳汁，而有一些乳汁被射入天空，于是形成了银河。

在芬兰神话中，银河被称为鸟的小径，因为他们注意到候鸟在向南方迁徙时，是靠着银河来指引的，它们也认为银河才是鸟真正的居所。现在，科学家已经证实了这项观测是正确的，候鸟确实依靠银河的引导，在冬天才能飞到温暖的南方陆地居住。

在瑞典，银河系被认为是冬天之路，因为在斯堪的纳维亚地区，冬天的银河是一年中最容易被看见的。

古代的亚美尼亚神话称银河系为麦秆贼之路，叙述有一位神祇在偷窃麦秆之后，企图用一辆木制的运货车逃离天堂，但在路途中掉落了一些麦秆。

扩展阅读

虽然从非常久远的古代，人们就认识了银河系，但是对银河系的真正认识还是从近代开始的。

1750年，英国天文学家赖特认为银河系是扁平的。1755年，德国哲学家康德提出了恒星和银河之间可能会组成一个巨大的天体系统；随后德国数学家郎伯特也提出了类似的假设。到1785年，英国天文学家威廉·赫歇耳绘出了银河系的扁平形体，并认为太阳系位于银河的中心。

1918年，美国天文学家沙普利经过4年的观测，提出太阳系应该位于银河系的边缘。1926年，瑞典天文学家林得布拉德分析出银河系也在自转。

↓牛郎织女银河相会

太阳在银河系的位置

前面我们已经说过，银河系是太阳系所在的恒星系统，包括一千二百亿颗恒星和大量的星团、星云，还有各种类型的星际气体和星际尘埃。那么，如此浩渺的银河系，太阳的位置在哪里呢？

银河系的总体结构

银河系物质的主要部分组成一个薄薄的圆盘，叫做银盘，银盘中心隆起的近似于球形的部分叫核球。在核球区域恒星高度密集，其中心有一个很小的致密区，称银核。银盘外面是一个范围更大、近于球状分布的系统，其中物质密度比银盘中低得多，叫做银晕。银晕外面还有银冕，它的物质分布大致也呈球形。

2005年，银河系中发现了一个巨大的棒旋星系，以哈勃星系分类的标准来判断，则为SBC级（旋臂宽松的星系）。其总质量大约是太阳质量的6000亿至30000亿倍。银河系有大约

1200亿颗恒星。

太阳在银河系的位置

太阳在猎户臂靠近内侧边缘的位置上，在本星际云中，距离银河中心7.94 ± 0.42千秒差距，我们所在的旋臂与邻近的英仙臂大约相距6500光年。

我们的太阳与太阳系，正位于科学家所谓的银河的生命带。

太阳运行的方向，也称为太阳向点，指出了太阳在银河系内游历的路径，基本上是朝向织女，靠近武仙座的方向，偏离银河中心大约86度。太阳环绕银河的轨道大致是椭圆形的，但会受到旋臂与质量分布不均匀的扰动而有些变动，我们目前在接近近银心点（太阳最接近银河中心的点）1/8轨道的位置上。

太阳系大约每2.25亿～2.5亿年在轨道上绕行一圈，可称为一个银河年，因此以太阳的年龄估算，太阳已经绕行银河20～25次了。太阳的轨道速度是217千米/秒，换言之每8天就可以移动1天文

单位，1400年可以运行1光年的距离。

海顿天象馆的8.0千秒差距的立体银河星图，正好涵盖到银河的中心。

知识链接

在茫茫太空中，由成千上万，乃至几十万几百万颗恒星聚集而成的球状星团，构成了银河系的骨架。它们的中心就是银河系的中心。此前，人们以为太阳是银河系的中心。1920年，随着天文学的发展，美国天文学家沙普利提出了全新的银河系模型，估计银河系的直径约为30万光年，太阳距离银河系中心约6万光年，也就是说，银河系的中心不在太阳系，太阳系位于远离银河系中心的边缘地区。

↓巨大的棒旋星系

银河系中奇异的天体

宇宙中所存在的奇异天体让我们惊叹不已，更多未知的事物等待着人类去发现，也许你现在正仰望着苍穹，不要眨眼哦，说不定下一刻你会看见某种未知的奇异景象，宇宙天文学的历史将因为你而改变……

有三个"太阳"的行星

美国天文学家在距离地球149光年的地方发现了一个具有三颗恒星的奇特星系，在这个星系内的行星上，能看到天空中有三个"太阳"。

美国加州理工学院的天文学家说，他们发现天鹅星座中的HD188753星系中有3颗恒星。处于该星系中心的一颗恒星与太阳系中的太阳类似，它旁边的行星体积至少比木星大14%。该行星与中心恒星的距离大约为800万公里，是太阳和地球之间距离的二十分之一。而星系的另外两颗恒星处于外围，它们彼此相距不远，也围绕中心恒星公转。

银河系中的星系多为单星系或双星系，具有三颗以上恒星的星系被称为聚星系，不太多见。

恒星并不是平均分布在宇宙之中，多数的恒星会受彼此的引力影响，形成聚星系统，如双星、三恒星，甚至形成星团及星系等由数以亿计的恒星组成的恒星集团。

奇异天体

1978年，天文学家发现了一个奇异天体，叫做SS433。它在牛郎星附近，是银河系的一员，离地球大约11000光年。其实，这个天体在50年前就被人们发现过，但当时人们只把它当做普通的恒星，没有引起重视。后来它被编入由史蒂芬森和桑杜列克两人合编的星表。因为他俩的姓的头一个字母都是S，这个天体在星表中排在第433号，所以称为SS433。

SS4333所以成为一个谜，是因为人们发现，在它氢的光谱谱线中有许多发生了很大的红移和紫移。一般来说，引起谱线移动的是天体运动。红移意味着天体离我们远去，紫移显示天体向我们飞来。SS433的光谱表明，天体的一部分物质正以每秒3万公里的速度向我们飞来，而另一部分物质却以每秒5万公里的速度离我们而去。同一个天体以两种相反方向运动，这是普通恒星不可能有的现象。因此，SS433的出现，使科学家大惑不解。

知识链接

虫洞这一迄今仅存在于科幻中的奇异天体向来备受人们关注。虫洞又名爱因斯坦—罗森桥，尽管尚没有实验证据来证实这种天体的存在，但这却不是任何边缘科学或业余幻想，而是根据爱因斯坦相对论所作的预测。在以往理论中，虫洞可看成连接宇宙遥远区域间的时空细管，而暗物质负责维持着虫洞的敞开。霍金在《时间简史》中指出：空间旅行者可利用相对于地球静止的虫洞作为从事件A到B的捷径，然后通过一个运动的虫洞返回，并在他出发之前回到地球。这就是时间旅行，而最简单地去理解，虫洞在其中的作用就是把时空卷曲了起来，并连接时空中两个不同地点的假想"隧道"或捷径。

↓银河系中的聚星系统

导致银河系变形的"罪魁祸首"

近日，美国科学家观测发现，圆盘状的银河系已经发生弯曲，凹陷成碗状。这一惊人现象源于其近邻星云运行穿过银河系时，尾流激荡，使银河系就像"在微风中颤动"，发生弯曲……这一则消息真实可信吗？银河系这一奇观异景是否只是人们的想象？

◆ 银河变形

美国天文学家宣布，银河系已经发生弯曲，凹陷成碗状。"罪魁祸首"可能是银河系的两个近邻——大小麦哲伦星云。

加利福尼亚大学伯克利分校无线电天文台台长利奥·布利茨与同事已经绘制出银河系"变形"图。

布利茨说，银河系弯曲区域面积广阔，方圆约有2万光年。1光年为10万亿公里，代表一束光一年内在真空里传播的距离。而分布在银河系中的氢气层形状弯曲尤为明显。

◆ 外星人造访

研究者将银河出现异象的外因归咎于银河系"邻居"——大小麦哲伦星云。麦哲伦星云环绕银河系运行，运行一周时间为15亿光年。

在美国天文学会一次会议上，研

宇宙的秘密

究者说,银河系被大量暗物质所环绕。当大小麦哲伦星云环绕银河系运行时,引起暗物质激荡,导致银河系变形。暗物质无法为人类肉眼所见,但宇宙空间的90%由其组成。马萨诸塞大学天文学教授马丁·温伯格与布利茨合作,制作了一个银河系"变形"的电脑模型。模型显示,当麦哲伦星云沿轨道环绕银河系运行时,由于暗物质受激运动,银河系发生弯曲。

全新发现

科学家半个世纪前就知道银河系

↓银河系中的暗物质震荡

"弯曲"的特性,但是过去不了解原因。

麦哲伦星云曾被排除在嫌疑之外,因为它的质量并不大,只有银河系的2%。后者是一个拥有2000亿个恒星的大星系。科学家过去从质量角度认为,这样小的质量不足以影响银河系形态。但布利茨与温伯格的电脑模型揭示了暗物质的重要作用。银河系的暗物质尽管无法为肉眼所见,但其质量20倍于银河系其他可见物质。

布利茨说,当麦哲伦星云穿过暗物质时,暗物质运动使星云对银河系的引力影响进一步扩大。就像"船只行驶过洋面",引起的波浪威力强大,足以使整个银河系弯曲并震荡不已。

扩展阅读

如果行星在天空特定的范围内聚合成"行星连珠",地球会发生灾变吗?著名天文学家给出的答案是:"行星连珠"发生时,地球上不会发生什么特别事件。经测算,即使五大行星像拔河一样产生合力,其对地球的引力也只有月球引力的1/6000,小得可以忽略不计。这样的引力不仅对地球没有影响,对其他行星或者彗星也同样不会产生影响。

从天文学的角度看,"行星连珠"并没有什么科学意义,只是一种饶有趣味的天象而已,更何况它们不会排成一排。因此,灾难之说不成立。

窥探银河系中新生命

我们在宇宙中是不是独一无二，也就是说别的星球上或其邻近处有没有生命存在？这个问题的提出比我们知道恒星是别处的太阳还要更早。尼古劳斯·冯·屈斯和乔尔丹诺·布鲁诺都曾为此伤过脑筋。为此，两人之中一位幸免于难，另一位不得不在烈火中为真理而献身。

星系全景

银河系在天空上的投影像一条流淌在天上闪闪发光的河流一样，所以古称银河或天河。一年四季都可以看到银河，只不过夏秋之交能看到银河最明亮壮观的部分。银河经过的主要星座有：天鹅座、天鹰座、狐狸座、天箭座、蛇夫座、盾牌座、人马座、天蝎座、天坛府、矩尺座、豺狼座、南三角座、圆规座、苍蝇座、南十字座、船帆座、船尾座、麒麟座、猎户座、金牛座、双子座、御夫座、英仙座、仙后座和蝎虎

座。银河在天鹰座与天赤道相交，在北半天球。银河在天空明暗不一，宽窄不等。最窄是4°～5°，最宽约30°。北半球作为夏季星空的重要标志，是从北偏东平线向南方地平线延伸的光带——银河，以及由3颗亮星，即银河两岸的织女星、牛郎星和银河之中的天津四所构成的"夏季大三角"。夏季的银河由天蝎座东侧向北伸展，横贯天空，气势磅礴极为壮美，但只能在没有灯光干扰的野外（极限可视星等5.5以上）才能欣赏到。冬季的银河会显得十分暗淡。

期盼生命诞生

美国宇航局寻找地球以外生命物质存在证据的科研小组研究发现，某些在实际生命化学反应中起到至关重要作用的有机化学物质，普遍存在于我们地球以外的浩瀚宇宙中。根据美国宇航局最近的观测结果，天文学家在我们所居住的银河系内，发现了一种复杂有机物——"多环芳烃"存在的证据。但是这项发现一开始只得到天文学家的重视，并没有引起对外空生物进行研究的

天体生物学家们的兴趣。因为对于生物学而言，普通的多环芳烃物质存在并不能说明什么实质问题。但是最近一项分析结果却惊喜地发现，宇宙中看到的这些多环芳烃物质，其分子结构中含有氮元素的成分，这一意外发现使我们的研究发生了戏剧性改变。并且，在观测中还显示出，在宇宙中一些即将死亡的恒星天体周围环绕的众多星际物质中，都大量蕴藏着这种特殊的含氮多环芳烃成分。这一发现从某种意义上似乎也告诉我们，在浩瀚的宇宙星空中，即使在死亡来临的时候，同时也在孕育着新生命开始的火种。

其实我们都知道，生物进化的过程是十分漫长的，天上有的恒星那样年轻，甚至爪哇猿人曾经是它们诞生的见证人。而在这种恒星周围的行星上，目前高级生物还来不及形成。我们也知道，大质量恒星发光发热只有几百万年，这对于生物进化来说实在太短暂了。由此看来，合适的对象只有从质量相当于或小于太阳的恒星中去找。银河系大约共有恒星千亿颗，

其中绝大多数的质量都算"合格"，这是因为质量较大的恒星终究甚少。

仔细思索一个行星必须同时满足多少条件才能栖息生物后，我们就会明白，天体具备适宜生物生长的气候是多么不可思议的偶然。1977年，在美国航空局工作的科学家迈克尔.H.哈特指出，只要把地球与太阳的距离缩短5％，地球上的生物就会热不可耐而不能生存。反之，这段距离只要加长1％，地球就要被冰川覆盖。所以说，我们所居住的行星伸缩余地是不大的。因此他认为，外部条件合适，使生物能进化到较高级阶段的行星，在银河系中最多只有100万个。当然，从这类简单有机化合物向那些构成生命基础的复杂分子演变，是一条漫长的道路。让我们假想，凡是可能孕育生命的星球实际上都已出现生物，那么银河系中可能有着100万个居住有生物的行星，这些生物也许各自都已演变了40亿年，只不过它们理应处在各自不尽相同的进化阶段罢了。

↑爪哇猿人头骨

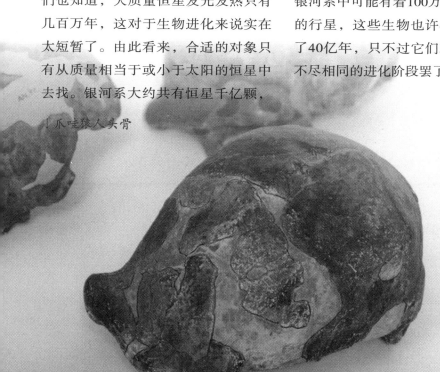

银河系的寿命寻踪

依据欧洲南天天文台的研究报告，银河系的年龄约为136亿岁（1.36×10^{10}年），几乎与宇宙一样老。你是否设想过，银河系的未来命运会是怎样的呢？

银河系的未来

目前的观测认为，仙女座星系(M31)正以每秒300公里的速度朝向银河系运动，在30亿～40亿年后可能会撞上银河系。但即使真的发生碰撞，太阳以及其他的恒星也不会互相碰撞。这两个星系可能会花上数十亿年的时间合并成椭圆星系。

而来自美国天文台的发现表明，史密斯云的边缘已经与银河系的气体发生作用并推开围绕银河的气体。银河系会对它施加一个潮汐力，使其分裂。大约2千万～4千万年之后，史密斯云的核心将会撞击银河系圆盘。

比想象中更大

据英国广播公司报道，由国际天文学家组成的研究小组发现，地球所在的银河系的体积比之前预计的大一半左右，运转的速度也更快。

天文学家利用在夏威夷、加勒比

海地区和美国东北部的天文望远镜观察得出结论：银河系正以每小时90万公里的速度转动，比之前估计的快大约百分之十。

科学家们指出，体积越大，与邻近星河发生灾难性撞击的可能性也增大。不过，即使发生也将是在二三十亿年之后。

系、银河系、三角座星系，还有大约50个小星系。

仙女座星系在适度黑暗的天空环境下很容易用肉眼看见，但是如此的天空仅存在于只受到轻度光污染的小镇、被隔绝的区域和离人口集中区域很远的地方。肉眼看见的仙女座星系非常小，因为它只有中心一小块的区域有足够的亮度，但是这个星系完整的角直径有满月的七倍大。

知识链接

仙女座星系被认为是本星系群中最大的星系，本星系群的成员有仙女星

↓科学发现银河系对潮汐具有很大的影响

第四章

神奇太阳系——地球最温馨的家园

太阳系就是以太阳为中心，及所有受到太阳的重力约束的天体的集合体：八大行星、至少165颗已知的卫星、5颗已经辨认出来的矮行星和数以亿计的太阳系小天体。这些小天体包括小行星、柯伊伯带的天体、彗星和星际尘埃……现在就让我们展开人类文明的翅膀，一起去探索太阳系的奥秘吧！

太阳系的结构和星系关联

广义上，太阳系的领域包括太阳、4颗内行星、由许多小岩石组成的小行星带、4颗充满气体的巨大外行星、充满冰冻小岩石，以及被称为柯伊伯带的第二个小天体区。在柯伊伯带之外还有黄道离散盘面和太阳圈，理论上存在的奥尔特云……

太阳系在银河系中处于什么位置？又有怎样的星系关联呢？

太阳系的结构

太阳：太阳是太阳系的母星，太阳也是太阳系里唯一会发光的恒星，也是最主要和最重要的成员。

内太阳系：内太阳系在传统上是类地行星和小行星带区域的名称，主要是由硅酸盐和金属组成的。这个区域挤在靠近太阳的范围内，半径比木星与土星之间的距离还短。

中太阳系：太阳系的中部地区是气体巨星和它们有如行星大小尺度

卫星的家，许多短周期彗星，包括半人马群也在这个区域内。此区没有传统的名称，偶尔也会被归入"外太阳系"，虽然外太阳系通常是指海王星以外的区域。在这一区域的固体，主要的成分是"冰"，不同于以岩石为主

↓太阳系结构图

的内太阳系。

外海王星区：在海王星之外的区域，通常称为外太阳系或是外海王星区，仍然是未被探测的广大空间。这片区域似乎是太阳系小天体的世界（最大的直径不到地球的五分之一，质量则远小于月球），主要由岩石和冰组成。

最远的区域：太阳系于何处结束，以及星际介质开始的位置并没有明确定义的界线，因为这需要由太阳风和太阳引力两者来决定。太阳风能影响到星际介质的距离大约是冥王星距离的四倍，但是太阳的洛希球，也就是太阳引力所能及的范围，应该是

这个距离的千倍以上。

◆◆ 星系的关联

太阳系位于一个被称为银河系的星系内，直径100,000光年，拥有约两千亿颗恒星的棒旋星系。我们的太阳位居银河外围的一条旋涡臂上，称为猎户臂或本地臂。太阳距离银心25000至28000光年，在银河系内的速度大约是220公里/秒，因此环绕银河公转一圈需要2亿2千5百万至2亿5千万年，这个公转周期称为银河年。

太阳系在银河中的位置是地球上能发展出生命的一个很重要的因素，它的轨道非常接近圆形，并且和旋臂保持大致相同的速度，这意味着它相对旋臂是几乎不动的。因为旋臂远离了有潜在危险的超新星密集区域，使得地球长期处在稳定的环境之中，从而得以发展出生命。

知识链接

理论上的奥尔特云有数以兆计的冰冷天体和巨大的质量，在大约5000天文单位，最远可达10000天文单位的距离上包围着太阳系，被认为是长周期彗星的来源。它们被认为是经由外行星的引力作用从内太阳系被抛至该处的彗星。

奥尔特云的物体运动得非常缓慢，并且可以受到一些不常见的情况的影响，如碰撞或是经过天体的引力作用或是星系潮汐。

宇宙的秘密

解析八大行星

八大行星特指太阳系八大行星，它们离太阳的距离从小到大依次为水星、金星、地球、火星、木星、土星、天王星、海王星。

八大行星各有特色

水星是最靠近太阳的行星，由于水星距离太阳实在太近了，表面温度很悬殊，向阳面高达430℃，阴暗面则在-170℃左右。

水星非常小，是由岩石构成的，表面布满被流星撞击而形成的环形山和坑洞，另外有平滑、稀疏的坑洞平原。

金星是一颗由岩石构成的行星，比地球稍微小一点，内部构造或许也类似。金星是除了太阳与月球外，天空中最亮的天体。

地球是距离太阳第三远的行星，也是直径最大和比重最大的岩石行星，同时也是唯一已知有生命存在的行星。地球表面有70%为水所包围，其他行星的表面都未发现这类液态形式的水。地球有一个天然卫星——月球。

火星是太阳系第四个行星，在晴朗的夜空里，代表战神的火星闪着火色的光芒，吸引了古今中外无数人的视线。十万年前有一颗来自火星的岩石坠落于地球的极区，并被冰封。人们在此陨石里发现了可能是生命所留下的痕迹化石，这化石是三十亿年前在火星上形成的，科学家正积极地研究并探测这颗表面充满神秘河道及火山的星球上是否曾经存在过生命吗？

木星是太阳系第五颗行星，也是整个太阳系中最大的行星，位于火星与土星之间，用一般的天文望远镜即可看到它表面的条纹及四颗明亮的卫星。

土星是太阳系第六颗行星，也是体积第二大的行星。土星有着美丽的环，在地球以一般的望远镜即可看见。土星、木星、天王星和海王星表面都是气体，故自转都相当快。土星的环主要是由冰及尘粒构成。据科学家推测，土星环可能是因为某卫星受不了土星强大的吸引力而解体成的碎片形成的。

天王星是太阳系第七颗行星。在太空船未到达以前，人类并不知道它也有如土星一样美丽的环。天王星是人类用肉眼所能看到的最远的一颗行星。

海王星是太阳系第八颗行星，它有八颗卫星。海王星表面主要也是由气体组成，也有类似木星表面的大红斑风暴云，我们称为大黑斑，这个大风暴云约是木星大红斑的一半，但也容得下整个地球。海王星亦有如土星环样的环，只是此环比天王星更细小。

"被踢出列"的冥王星

历史上曾经流行过这样一种说法：太阳系有"九大行星"，即水星、金星、地球、火星、木星、土星、天王星、海王星和冥王星。

但是在2006年8月24日于布拉格举行的第26届国际天文联会中通过的第5号决议中，冥王星被划为矮行星，并命名为小行星134340号，从太阳系九大行星中除名，所以现在太阳系只有八颗行星。

冥王星被排除在大行星之外的原因之一是由于其发现的过程是基于一个错误的理论，二是由于当初将其质量估算错了，误将其划到了大行星的行列。

扩展阅读

2010年，伟大的霍金在提到他的新书时突然称道：在下个百年内，人类想要躲避灾难会变得极其不易，更遑论未来的数千年甚至数百万年。由于战争、资源殆尽、人口过剩这些正在膨胀的威胁，届时天灾人祸降临的次数可能超过以往任何年代。而保持长期繁衍"唯一的机会不在地球，应延伸至太空"，届时人类骨子里侵略性的因子，会帮助我们一次次渡过生死攸关的局面。

↓火 星

木星上的红斑与火星上的火山

美丽的地球，生命的奇迹，是宇宙的巧合或是上帝的杰作？如果你已经对地球上的奇景见怪不怪，那我们现在去其他行星上"旅游"一圈，相信那里的景象会让你感到新奇不已。

木星上的红斑之谜

木星除了色彩缤纷的条和带之外，还有一块醒目的类似大红斑的标记，从地球上看去，就成了一个红点，仿佛木星上长着的一只"眼睛"。大红斑形状有点像鸡蛋，颜色鲜艳夺目，红而略带棕色，有时却又变得鲜红鲜红的。人们把它取名为"大红斑"。

关于大红斑颜色的成因，科学家尚有几种不同见解。有人提出那是因为它含有红磷之类的物质；有人认为，可能是有些物质到达木星的云端以后，受太阳紫外线照射，而发生了光学反应，使这些化学物质转变成一

种带红棕色的物质。总之，这仍然是未解之谜。

↓木星

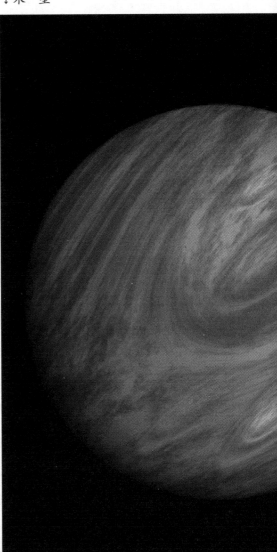

火星上最大的火山

火星似乎是一颗平静且荒凉的行星，但现在科学家们认为，在其被风刮过的表层之下正在酝酿着大爆发。

位于火星高地的三座火山每一座都横跨大约300公里。地球上最大的火山——莫纳罗亚火山也只不过横跨97公里。尽管科学家从未观察到火星火山爆发，但欧洲航天局"火星快车"任务提供的最新图像表明，在过去的两百万年里，这三座火山一直在活动，而且可能还将继续活跃下去。

火星上最大的火山——奥林匹斯山，高出地面24公里，几乎是地球上最高山峰高度的3倍，同时也是太阳系最高的山。

太阳系中最美丽的行星

土星是太阳系中最美丽、最漂亮的行星，清晰可见的光环犹如一顶宽边草帽，格外引人注目。

土星环虽然厚不到一公里，却从行星表面朝外延伸约420000公里。主环包括数千条狭窄的细环，由小微粒和大到数公尺宽的冰块所构成。

扩展阅读

木星是太阳系中最大的行星，它的体积超过地球的一千倍，质量超过太阳系中其他八颗行星质量的总和。与其他巨行星一样，木星没有固态的表面，而是覆盖着966公里厚的云层。通过望远镜观测，这些云层就像是木星上的一条条绚丽的彩带。

木星是一个巨大的气态行星。最外层是一层主要由分子氢构成的浓厚大气。随着深度的增加，氢逐渐转变为液态。在离木星大气云顶一万公里处，液态氢在100万巴的高压和6000开尔文的高温下成为液态金属氢。木星的中央是一个由硅酸盐岩石和铁组成的核，核的质量是地球质量的10倍。

第四章 神奇太阳系——地球最温馨的家园

当月球隐形扫过地球

当太阳即将被月亮完全遮挡的那一瞬间，突然间，万道光芒从一点喷涌而出，这时光影就像珍珠般从远处向人们倾泻而来，而它的中心是极透明的晶体，光芒也从晶体的边缘发出，这就形成了人们所说的"钻石环"和"贝利珠"。

日食食相之美景

日全食发生时，根据月球圆面同太阳圆面的位置关系，可分成五种食相。

初亏：月球比太阳的视运动走得快。日食时月球追上太阳。月球东边缘刚刚同太阳西边缘相"接触"时叫做初亏，是第一次"外切"，也是日食的开始。

食既：初亏后大约一小时，月球的东边缘和太阳的东边缘相"内切"的时刻叫做食既，是日全食（或日环食）的开始，对日全食来说这时月球把整个太阳都遮住了，对日环食来说

这时太阳开始形成一个环；日食过程中，月亮阴影与太阳圆面第一次内切时二者之间的位置关系，也指发生这种位置关系的时刻。食既发生在初亏之后。从初亏开始，月亮继续往东运行，太阳圆面被月亮遮掩的部分逐渐增大，阳光的强度与热度显著下降。天空方向与地图东西方向相反。

食甚：是太阳被食最深的时刻，月球中心移到同太阳中心最近；日偏食过程中，太阳被月亮遮盖最多时，两者之间的位置关系；日全食与日环食过程中，太阳被月亮全部遮盖而两个中心距离最近时，两者之间的位置关系。也指发生上述位置关系的时刻。

生光：月球西边缘和太阳西边缘相"内切"的时刻叫生光，是日全食的结束；从食既到生光一般只有两三分钟，最长不超过七分半钟。在食甚后，月亮相对日面继续往东移动。

复圆：生光后大约一小时，月球西边缘和太阳东边缘相"接触"时叫做复圆，从这时起月球完全"脱离"太阳，日食结束。

如何观测日食

日食的观测常常被曲解，太阳不会预知地球上日食的发生，不会发出其他的射线，因此，日食时待在室外并无害处。但看日偏食时应该凝视还是匆匆一瞥呢？日食时太阳光虽比平时弱很多，但如若直视，对眼睛还是有伤害，可能损伤眼角膜。由于好奇心，人们会凝视或斜视太阳。当然，日偏食还是很刺眼的，如果你看太阳久一点，没等你反应过来你的眼角膜已经受损。日食时眼睛受损不是因为太阳的异常，而是人们由于好奇而没注意保护措施。无论日食发生与否，都不要用眼睛直视太阳；不要用所谓

的"墨镜"；不要用"太阳镜"，甚至几个叠放也不行；不要看太阳在镜子里或水面中的影像。我们可以用14号焊接镜看太阳；用有特殊涂层的迈拉镜观看。警告：直接佩戴太阳眼镜（墨镜）观测日全食是一个大误区，这是因为镜片有聚焦的作用，太阳镜离眼睛太近，阳光会将眼球灼伤，严重者会造成失明。而直接用肉眼观测，也是不可取的办法，正确的做法应该是将太阳镜摘下，离眼睛一臂的距离，并从侧面观测镜片。另外，利用小孔成像法观测也是一个不错的方法。切记水盆倒影法并不是科学可取的方法。

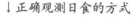
↓正确观测日食的方式

太阳夜出

据《水经注》载：西周末期，在现在的山东有个小国叫莱，一天晚上，莱都的人们突然看到太阳出现在夜空中，照耀得四周如同白昼。人们非常惊讶，后来一个大臣灵机一动，说这是国家兴盛的预兆。国君非常高兴，于是在太阳出现的地方建了一座"成山日祠"的庙宇作纪念，并将那个地方命名为"不夜县"。

无时无刻不在发生剧烈的活动

在茫茫宇宙中，太阳只是一颗非常普通的恒星。在广袤浩瀚的繁星世界里，太阳的亮度、大小和物质密度都处于中等水平。只是因为它离地球较近，所以看上去是天空中最大最亮的天体。其他恒星离我们都非常遥远，即使是最近的恒星，也比太阳远27万倍，看上去只是一个闪烁的光点。太阳看起来很平静，实际上无时无刻不在发生剧烈的活动。太阳由里向外分别为太阳核反应区、太阳对流层、太阳大气层。其中心区不停地进行热核反应，所产生的能量以辐射方式向宇宙空间发射。其中二十二亿分之一的能量辐射到地球，成为地球上光和热的主要来源。太阳表面和大气层中的活动现象，诸如太阳黑子、耀斑和日冕物质喷发（日珥）等，会使太阳风大大增强，造成许多地球物理现象，如极光增多、大气电离层和地磁的变化等。太阳活动和太阳风的增强还会严重干扰地球上无线电通信及航天设备的正常工作，使卫星上的精密电子仪器遭受损害，地面通信网络、电力控制网络发生混乱，甚至可能对航天飞机和空间站中宇航员的生命构成威胁。

频频出现太阳夜出之谜

在现代，"太阳夜出"的现象也频频出现。1981年8月7日晚，四川省汉源县宜东区某村，人们在村旁的凉亭里乘凉时，发现天空越来越亮，一个红红的火球从西面的山背后爬出来，放射出耀眼的光芒。并且，夜出

太阳的现象在外国也曾出现过。1596年或1597年的冬天，航海家威廉·伯伦兹到达北极的新地岛时，恰好遇到了长达176天的极夜。威廉和船员们无法航行，只好耐心等待极昼的到来。然而，在离预定日期还有半个月时，一天太阳突然从南方的地平线喷薄而出。人们惊喜万分，纷纷收拾行装准备航行，可是转眼之间，太阳又没入了地平线，四周重又笼罩在漆黑的夜色中。

太阳真的会在夜里出现吗？我们大多数人认为这是不可能的。气象专家分析认为，夜里出现的太阳其实是一个圆形的极光，即冕状极光。太阳表面不断向外发出大量的高速带电粒子流，这些粒子流受到地球磁场的作用，闯进地球两极高空大气层，使大气中粒子电离发光，这就是极光；当太阳活动强烈，发出的带电粒子流数量特别多、能量特别大时，大气受到带电粒子撞击的高度就会升高，范围就有可能向中低纬度地区延伸。在天气晴好的夜间，一种射线结构的极光扩散为圆形的发光体，且快速移动，亮度极大，由此被人们误认为是太阳出现。但是，有的专家认为，夜出太阳其实是一种光学现象，到底是怎么回事，至今仍是个谜。

↓太阳无时无刻不在"运动"

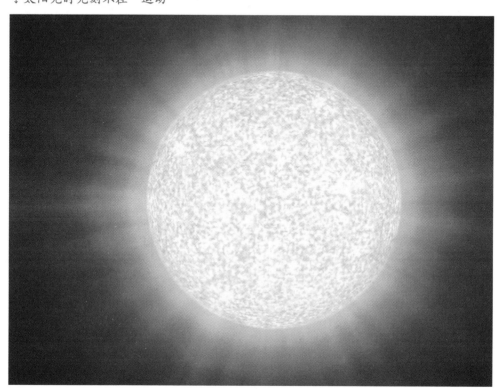

奇妙的太阳振荡

20世纪60年代后期，美国天文学家莱顿等人观测到太阳大气在不停地一胀一缩地脉动，大约每隔296±3秒震动一次，称作"太阳五分钟振荡"。分析认为，这种振荡是太阳大气中的声波和重力波的现象，并认为这种振荡是太阳整体的震动，称为"日震"。

五分钟振荡

五分钟振荡是指太阳表面气体以五分钟为周期的一种不断起伏的运动，它被美国学者莱顿于1960年所发现。五分钟振荡的振幅会随着同日面中心距离的增加而减小，表明了振荡是在日面的铅垂方向上。它的平均振幅也会随着高度增加，周期则会随高度而减小。并且，在太阳活动区中，五分钟振荡同样也存在，只是振幅小一些。而太阳磁场也呈现出五分钟振荡，磁场强度的变幅为1～2高斯。五分钟振荡并不是太阳大气中唯一的驻留

振荡。近年的观测证明，太阳上可能还有其他不同周期的驻留振荡现象。但是，太阳的五分钟振荡尤为明显。

探索太阳振荡的奥秘

目前科学家们已经认识到，太阳振荡虽然发生在太阳的表面，但是，其根源一定是在太阳的内部。而使太阳的内部产生振荡的原因则有三个，即气体的压力、重力和磁力。而有它们造成的波动则分别被称为"声波""重力波"和"磁流体力学波"，这三种波还可以两两结合，甚至可以三者合并在一起。就是这些错综复杂的波动，导致了太阳表面气势宏伟的振荡现象。人们认为太阳5分钟的振荡周期可能是太阳对流层产生的一种声波，而160分钟的振荡周期则可能是由日心引起的重力波。但是这些解释究竟正确与否，目前还不能完全的肯定。

声波是一种比较简单的压力波，它可以通过任何介质传播。太阳的声波是与地球内部的地震波有些相似的

连续波，它们传播的速度和方向依赖于太阳内部的温度、化学成分、密度和运动。就像是地球的地震学家通过研究地震波去查明地球内部的构造模式一样，天文学家正利用他们所观测到的太阳振荡现象，去窥探太阳内部的奥秘。

知识链接

谢维内尔观测小组在克里米亚天体物理台首先观测到太阳的这种长周期振动。1974年，他们把由光电调节器和光电光谱仪组成的太阳磁象仪安装在太阳塔的后面，利用它来观测连接太阳极区的窄条的光线避开太阳赤道部分的视运动。来自太阳中心的光线发生偏振照在光电倍增管上，来自太阳边缘的光线不偏振直接照在另一光电倍增管上，这两个光电倍增管的输出就表示出中心光线是否相对于边缘发生了多普勒位移。谢维内尔小组利用这种方法在1974年秋季和1975年春季观测到太阳160分钟的振动。

↓太阳能发生周期性的振荡活动

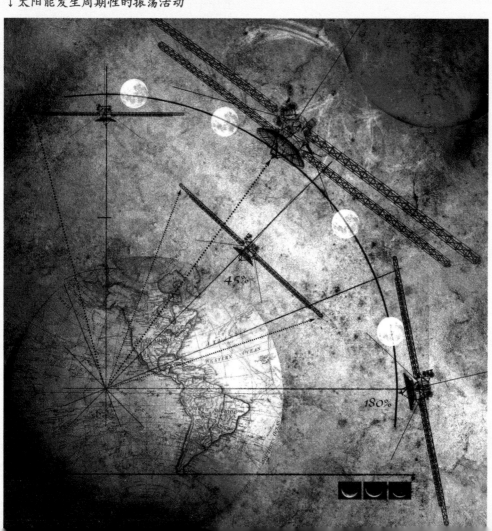

当太阳成为一颗死星

在中国神话中，天空中的九个太阳都被后羿手里的弓箭射落，那么现实中的太阳会不会因为某种原因而陨落呢？它未来的命运又会是怎样的？

太阳的年龄测定

在地壳中最古老岩石的年龄经放射衰变方法鉴定为略小于40亿岁。用同样的方法鉴定月球最古老岩石样品年龄大致从41亿岁直到最古老月岩样品的45亿岁，有些陨星样品也超过了40亿岁。综合所有证据得出，太阳系大约是46亿岁。由于银河系已经是150亿岁左右，所以太阳及其行星年龄只及银河系的三分之一。

恒星也有自己的生命史，它们从诞生、成长到衰老，最终走向死亡。它们大小不同，色彩各异，演化的历程也不尽相同。恒星与生命的联系不仅表现在它提供了光和热。实际上也构成了行星和生命物质的重原子就是

在某些恒星生命结束时发生的爆发过程中创造出来的。

↓太阳这个大火球也有燃烧殆尽的那一天

太阳的"死亡"之期

根据天文学家的推测，目前的太阳系会维持直到太阳离开主星序（恒星的大部分生命期都在主星序上）。由于太阳是利用其内部的氢作为燃料，为了能够利用剩余的燃料，太阳会变得越来越热，于是燃烧的速度也越来越快。这就导致太阳不断变亮，变亮速度大约为每11亿年增亮10%。

从现在起再过大约76亿年，太阳的内核将会热得足以使外层氢发生融合，这会导致太阳膨胀到现在半径的260倍，变为一个红巨星。此时，由于体积与表面积的扩大，太阳的总光度增加，但表面温度下降，单位面积的光度变暗。

随后，太阳的外层被逐渐抛离，最后裸露出核心成为一颗白矮星，成为一个极为致密的天体，只有地球的大小却有着原来太阳一半的质量。最后形成暗矮星。

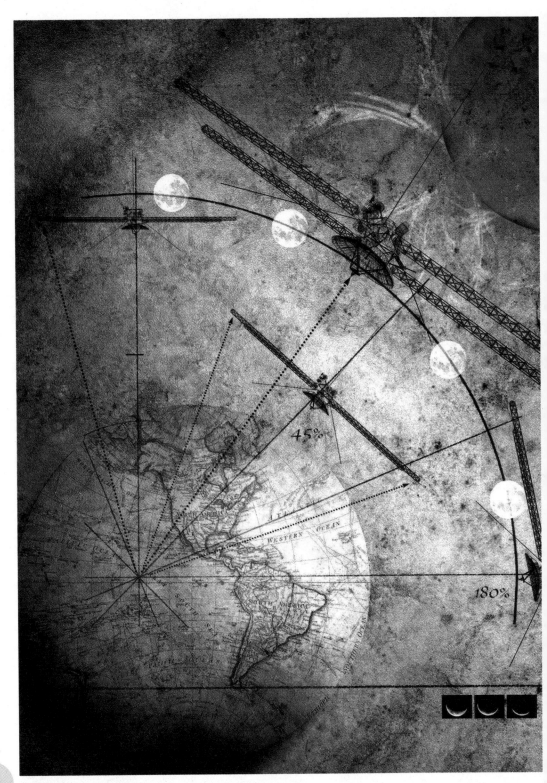

45%

180%

第五章

月球——地球的天然卫星

　　遥望夜空，当那一轮皎洁的满月映入你的眼帘时，你是否想起了那些美丽的传说——清寂的月宫，翩翩的仙子，还有挥舞着斧头的男子，以及他脚下的白兔……还记得人类首次登上月球时那欢欣鼓舞的样子吗？阿姆斯特朗的一小步，俨然已经成为了人类迈向崭新文明的一大步！

月球的来历之谜

月球是地球唯一的天然卫星，也是被人们研究得最彻底的天体。人类至今第二个亲身到过的天体就是月球。然而，对月球的起源却莫衷一是，现在仍未定论。

月球曾是地球的一部分吗

早在1898年，著名生物学家达尔文的儿子乔治·达尔文就在《太阳系中的潮汐和类似效应》一文中指出，月球本来是地球的一部分，后来由于地球转速太快，把地球上一部分物质抛了出去，这些物质脱离地球后形成了月球，而遗留在地球上的大坑，就是现在的太平洋。这一观点很快就遭到了一些人的反对。他们认为，以地球的自转速度是无法将那样大的一块东西抛出去的。再说，如果月球是地球抛出去的，那么二者的物质成分就应该是一致的。可是通过对"阿波罗12号"飞船从月球上带回来的岩石样本进行化验分析，发现二者相差非常远。

月球是"碰撞"出来的吗

还有一种假设认为，太阳系演化早期，在星际空间曾形成大量的"星子"，先形成了一个相当于地球质量0.14倍的天体星子，星子通过互相碰撞、吸积而合并形成一个原始地球。这两个天体在各自演化过程中，分别形成了以铁为主的金属核和由硅酸盐构成的幔和壳。由于这两个天体相距不远，因此相遇的机会就很大。一次偶然的机会，那个小的天体以每秒5千米左右的速度撞向地球。剧烈的碰撞不仅改变了地球的运动状态，使地轴倾斜，而且还使那个小的天体被撞击破裂，硅酸盐壳和幔受热蒸发，膨胀的气体以极大的速度携带大量粉碎了的尘埃飞离地球。这些飞离地球的物质，主要由碰撞体的幔组成，也有少部分地球上的物质，比例大致为85%：15%。在撞击体破裂时与幔分离的金属核，因受膨胀飞离的气体所阻而减速，大约在4小时内被吸积到地球上。飞离地球的气体和尘埃，并没有完全脱离地球的引力控制，通过相互吸积而结合起来，形成全部熔融的月球，或者是先形成几个分离的小月球，再逐渐吸积形成一个部分熔融的大月球。

被"俘获"的月球

这种假设认为，月球本来只是太阳系中的一颗小行星。某天，月球偶然运行到地球附近，被地球的引力所俘获，从此再也没有离开过地球。另外一种接近俘获说的观点认为，地球不断把进入自己轨道的物质吸积到一起，久而久之，吸积的东西越来越多，最终形成了月球。但也有人指出，像月球这样大的星球，地球恐怕没有那么大的力量能将它俘获。

扩展阅读

相传在很久以前，天上有十个太阳。它们把土地晒得冒烟，把庄稼烤得枯焦，老百姓也热得活不下去了。有个叫后羿的英雄一口气射下了九个太阳，解救了人类，从那以后，后羿的名字传遍了天下。后来，后羿娶了一个名叫嫦娥的姑娘，他们相亲相爱，过着幸福的生活。

有一天，后羿上山打猎，遇到一位道士，那道士对后羿说："你为百姓除害，立下了功劳。我送你一包神药，要是吃上半包，就会长生不老；要是全都吃下去，就会成仙升天。"后羿把神药拿回家，交给嫦娥保管。他准备找个合适的时候，和嫦娥分吃这包神药。可是，后羿得到神药的消息被他的一个徒弟逢蒙知道了。逢蒙就在这一年的八月十五趁着后羿去打猎，到后羿家偷神药。逢蒙逼着嫦娥交出神药。为了不让神药落到无耻的逢蒙手里，嫦娥只好打开药包，把神药全部吞进嘴里。吃了神药之后，嫦娥就不由自主地飞上了天空。嫦娥舍不得离开自己的亲人和家园，她就飞到离地面最近的月亮上去，住在广寒宫里。

↓1969年7月，美国"阿波罗11号"飞船实现了人类登月之梦，在月球探测中取得最辉煌的成果

关于月球的未解之谜

当阿波罗15号的宇航员们使用温度计时，他们发现读数高得出奇。一位科

月球土壤的年岁比岩石年岁更大；月球的表层具有放射性物质；干燥的月球上存在着大量的水气……所有这些，无不吸引着我们探索的脚步，让我们一起去发掘月球的奥秘吧。

来自别处的月球土壤

月球古老的岩石已使科学家束手无策，然而，和这些岩石周围的土壤相比，岩石还算是年轻的。据分析，土壤的年龄至少比岩石大十亿年。乍一听来，这是不可能的，因为科学家认为这些土壤是岩石粉碎后形成的。但是，对岩石和土壤的化学成分进行测量之后，科学家发现，这些土壤与岩石无关，似乎是从别处来的。

月球表面的放射性物质

月亮中厚度为 8 英里的表层具有放射性，这也是一个惊人的现象。

学家惊呼："上帝啊，这片土地马上就要熔化了！月球的核心一定更热。"然而，令人不解的是，月心温度并不高。这些热量是从月球表面大量放射性物质发出的，可是这些放射性物质（铀、铊和钍）是从哪里来的呢？假如它们来自月心，那么它们怎么会来到月球表面呢？

↓布满坑洞的月球表面

月球上的水气和"不生锈的铁"

最初几次月球探险表明，月球是个干燥的天体。一位科学家曾断言，它比戈壁大沙漠干燥100万倍。阿波罗计划的最初几次都未在月球表面发现任何水的踪迹。可是阿波罗15号的科学家却探测到月球表面有一处面积达100平方英里的水汽团。科学家们争辩说，这是美国宇航员废弃在月亮上的两个小水箱漏水造成的。可是这么小的水箱怎能产生这样一大片水汽呢？当然这也不会是宇航员的尿液。看来这些水汽来自月球内部。

另外，月面岩石样品中还含有纯铁颗粒，科学家认为它们不是来自陨星。苏联和美国的科学家还发现了一个更加奇怪的现象：这些纯铁颗粒在地球上放了7年还不生锈。在科学世界里，不生锈的纯铁是闻所未闻的。

扩展阅读

早期的月球专家表示，月球的磁场很弱或根本没有磁场，而月岩的样品显示它们被很强的磁场磁化了。这对NASA（美国联邦政府负责美国的太空计划）的科学家们又是一次冲击。因为他们以前总是假设月岩是没有磁性的。这些科学家后来发现了月球曾有过磁场，但现在没有了。

在月球美丽的外表之下

当我们仰望明亮的满月，它那美丽的光泽，幽暗的阴影，常常让我们遐想不已。究竟在月球美丽的外表之下，暗藏着怎样动人的秘密？

环形山是怎样形成的

环形山这个名字是伽利略起的。月面的显著特征就是环形山几乎布满了整个月面。最大的环形山是南极附近的贝利环形山，直径295千米，比海南岛还大一点。小的环形山甚至可能是一个几十厘米的坑洞。直径不小于1000米的大约有33000个，占月面表面积的7%～10%。

环形山的形成现有两种说法："撞击说"与"火山说"。

"撞击说"是指月球因被其他行星撞击而有现在人类所看到的环形山。

"火山说"是指月球上本有许多火山，最后火山爆发而形成了环形山。

↓月球表面的贝利环形山

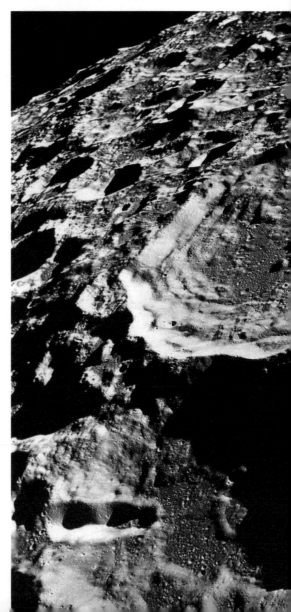

◆◆ 月海、月陆和山脉、月谷 ➤

月海是指地球上的人类用肉眼所见月面上的阴暗部分，实际上是月面上的广阔平原。由于历史上的原因，这个名不副实的名称被保留了下来。月海的地势一般较低，类似地球上的盆地，月海比月球平均水准面低1～2千米，个别最低的海如雨海的东南部甚至比周围低6000米。

月面上高出月海的地区称为月陆，一般比月海水准面高2～3千米，由于它返照率高，因而看起来比较明亮。在月球正面，月陆的面积大致与月海相等；但在月球背面，月陆的面积要比月海大得多。通过同位素测定，可知月陆比月海古老得多，是月球上最古老的地形特征。在月球上，除了犬牙交错的众多环形山外，也存在着一些与地球上相似的山脉，山脉上也有些峻岭山峰，过去对它们的高度估计偏高。现在认为大多数山峰高度与地球山峰高度相仿。除了山脉和山群外，月面上还有四座长达数百千米的峭壁悬崖。其中三座突出在月海中，这种峭壁也称"月堑"。

月球上那些看来弯弯曲曲的黑色大裂缝即是月谷，它们有的绵延几百到上千千米，宽度从几千米到几十千米不等。那些较宽的月谷大多出现在月陆上较平坦的地区，而那些较窄、较小的月谷（有时又称为月溪）则到处都有。

扩展阅读

月面上一些较"年轻"的环形山常带有着美丽的"辐射纹"，这是一种以环形山为辐射点向四面八方延伸的亮带，它几乎以笔直的方向穿过山系、月海和环形山。辐射纹长度和亮度不一，最引人注目的是第谷环形山的辐射纹，最长的一条长1800千米，满月时尤为壮观。哥白尼和开普勒两个环形山也有相当美丽的辐射纹。据统计，具有辐射纹的环形山有50个。

月球是空心的吗

宋朝文学家苏东坡的《水调歌头》最能表达中国人对于月亮的好奇与憧憬："明月几时有，把酒问青天。不知天上宫阙，今夕是何年……"以往，人们在中秋节举家团圆，吃着月饼的时候，抬头一看天上的明月，心中不免对它感到好奇与疑惑。现在，人类登陆月球后，人们已经知道月球表面是一片荒凉的沙漠，只有无尽的太空尘埃，空荡荡的。可是，登陆月球后一些鲜为人知的发现，反而使科学家对于月球更加迷惑……

早期观察

自古以来，世界各个民族的天文学家对于月球都进行了长期而充分的观察。月亮的圆缺盈亏，除了是诗人吟诵的对象外，古人观象计时的参考指标，中国的农历就是以月亮运行周期二十八天为基础，结合太阳周年运动的阴阳合历。很久以前，人们就发现一个很有趣

的事实，月亮老是用同一面对着我们。这是为什么呢？经过长期的观察，人们发现月亮会自转，而自转的周期刚刚好跟它绕着地球转的周期是一样的。所以不管月球跑到哪里，我们在地球上看到的月亮都是同一面，月亮上的阴影总是同一种。并且，人们还注意到，月球的大小跟太阳看起来是一样大的。太阳与月亮感觉起来是一样大的，那么实际上是不是真的一样大呢？古时候的人常常观察到一种奇异的天象，称为"天狗食日"，在这个时候会有一个黑色的天体把太阳完全遮住，大白天突然变成黑夜，繁星点点，就是现在科学家所说的日全食。日全食的时候我们看到的黑色天体就是月球，月球的大小刚刚好可以把太阳遮住，也就是说，在地球上看，月球跟太阳是一样大的。

后来天文学家发现，太阳距离地球的距离正好是月球距离地球的395倍，而太阳的直径也正好是月球的395倍，所以在地面上看到的月亮，就恰好跟太阳一样大了。地球的直径是12756公里，月球的直径是3467公里，月球的直径是地球直径的27%。科学

宇宙的秘密

家把围绕行星旋转的星体称为"卫星"，太阳系中的比较大的行星都有自己的卫星。在八大行星之中有些行星块头很大，例如木星，土星等等，它们也有卫星环绕着，它们的卫星的直径比起行星本身往往很小，只有几百分之一。所以像月球那样大的卫星，在太阳系里是很特殊的。

登陆月球后的新发现—— 月震的实验

1970年，俄国人柴巴可夫和米凯威新提出一个令人震惊的"太空船月球"理论，来解释月球起源。他们认为月球事实上不是地球的自然卫星，而是一颗经过某种智慧生物加以挖掘改造成的"太空船"，其内部载有许多该智慧物种文明的资料，月球是被有意地置放在地球上空，因此所有关于月球的神秘发现，全是至今仍生活在月球内部的高等生物的杰作。当然这个说法被科学界嗤之以鼻，因为科学界还没有找到高等智慧的外星人。但是，不容否认的，确是有许多资料显示月球应该是"空心"的。最令科学家不解的是，登月太空人放置在月球表面的不少仪器，其中有"月震仪"，我们知道，一个实心的物体遭受撞击时，可以测出两种波，一种是纵波，一种是表面波，而空心的物体只能测到表面波。"纵波"是一种穿透波，可以穿透物体，由表面的一边经过物体中心传导到另一边。"表面波"如同它的名字一样，只能在极浅的表面传递。但是，放置在月球上的月震仪，经过长时间的记录，都没有记录到纵波，全部都是表面波。根据这个现象，科学家非常惊讶地发现：月球是空心的！

↓"天狗食日"

月球上的"老年火山"

在浩瀚的星空中，月球看起来总是如此平静，那里也有火山吗？的确，月球上没有类似夏威夷或圣·海仑那样的火山。然而，它的表面却被巨大的玄武熔岩（火山熔岩）层所覆盖……这正是月球表面的火山痕迹。

"老态龙钟"的月球火山

与地球火山相比，月球火山可谓老态龙钟。大部分月球火山的年龄在30亿～40亿年之间；典型的阴暗区平原，年龄为35亿年；最年轻的月球火山也有1亿年的历史。而在地质年代中，地球火山属于青年时期，一般年龄皆小于10万年。地球上最古老的岩层只有3.9亿年的历史，年龄最大的海底玄武岩仅有200万岁。年轻的地球火山仍然十分活跃，而月球却没有任何新近的火山和地质活动迹象，因此，天文学家称月球是"熄灭了"的星球。

月球可能存在火山活动

月球上不存在活动的构造运动

宇宙的秘密

和火山活动，这似乎已成为学术界的基本认识。据悉，我国科研人员在月球上发现了年轻的构造运动，也就是说，当今的月球也许不完全是"死"的，有些小型的构造活动可能依然存在。

我国科研人员利用"嫦娥一号"等月球探测器传回的照片和数据进行分析发现，在月球上年轻的撞击坑内发现了一些可能正在活动的断层。研究人员认为，月球上年轻的撞击坑代表了月球上最活跃的地质区域，因此现今的月球并非人们之前认识的是一颗垂死星球，在一些年轻的地质活动区域依然有些小型的构造活动。业内专家认为，类似这样的月球基础构造研究将为后续的各种月球计划提供基本的科学参考，对了解地月系统的演化有重要的启示意义。

↓ 月球上的山

月食与"月饼起义"

"人有悲欢离合，月有阴晴圆缺，此事古难全。"你还在喟叹世事的无常吗？你还相信儿时"天狗食月"的传说吗？当你知道月食只是一种特殊的天文现象的时候，你会不会因为童话的破灭而感到些许的悲伤呢？

两种月食

月食是一种特殊的天文现象。当月球行至地球的阴影后时，太阳光被地球遮住，即发生了月食。农历十五日前后可能会出现月食。

月食可分为月偏食、月全食两种。当月球只有部分进入地球的本影时，就会出现月偏食；而当整个月球进入地球的本影之时，就会出现月全食。

月食的过程分为初亏、食既、食甚、生光、复圆五个阶段。初亏：月球刚接触地球本影，标志月食开始；食既：月球的西边缘与地球本影的西边缘内切，月球刚好全部进入地球本

影内；食甚：月球的中心与地球本影的中心最近；生光：月球东边缘与地球本影东边缘相内切，这时全食阶段结束；复圆：月球的西边缘与地球本影东边缘相外切，这时月食全过程结束。月球被食的程度叫"食分"，它等于食甚时月轮边缘深入地球本影最远距离与月球视经之比。

朱元璋与月饼起义

中秋节吃月饼相传始于元代。当时，中原广大人民不堪忍受元朝统治阶级的残酷统治，纷纷起义抗元。朱元璋联合各路反抗力量准备起义。但朝廷官兵搜查得十分严密，传递消息十分困难。军师刘伯温便想出一计策，命令属下把藏有"八月十五夜起义"的纸条藏入饼子里面，再派人分头传送到各地起义军中，通知他们在八月十五晚上起义响应。到了起义的那天，各路义军一齐响应，起义军如星火燎原。起义成功了。后来徐达攻下元大都，消息传来，朱元璋高兴得连忙传下口谕，在即将来临的中秋

节，让全体将士与民同乐，并将当年起兵时以秘密传递信息的"月饼"，作为节令糕点赏赐群臣。此后，"月饼"制作越发精细，品种更多，大者如圆盘，成为馈赠的佳品。以后中秋节吃月饼的习俗便在民间传开了。

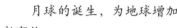

知识链接

月球的诞生，为地球增加了很多的新事物。

1.月球绕着地球公转的同时，其特殊引力吸引着地球上的水，同其共同运动，形成了潮汐。潮汐为地球早期水生生物走向陆地，帮了很大的忙。

2.地球很久很久以前，昼夜温差较大，温度在水的沸点与凝点之间，不宜人类居住。然而月球因其特殊影响，带给了我们宝贵的四季，减小了温度差，从而使地球适宜人类居住。

↓月球被太阳遮住的渐变图像

月球将成为世界第八大洲

一轮明月高挂在天幕上，晚风送来一阵阵醉人的花香。当人们踏着银色的月光，在花前月下漫步之时，抬头仰望那皎皎明月，也许想知道：人类第一次踏上月球是什么样的情景？人类是否可以把月球当做"第八大洲"，从而移居到月球上去？

月球上的足迹

第一件到达月球的人造物体是苏联的无人登陆器——"月球2号"，它于1959年9月14日撞向月面。"月球3号"在同年10月7日拍摄了月球背面的照片。"月球9号"则是第一艘在月球软着陆的登陆器，它于1966年2月3日传回由月面上拍摄的照片。另外，"月球10号"于1966年3月31日成功入轨，成为月球第一颗人造卫星。

"阿波罗计划"是美国国家航空航天局从1961～1972年从事的一系列载人航天飞行任务，在60年代的十年中主要致力于完成载人登月和安全返回的目标。1969年，"阿波罗11号"宇宙飞船达成了这个目标，尼尔·阿姆斯特朗成为第一个踏上月球表面的人。

月球将成为世界第八大洲

有人设想在月球上建立一个"诺亚方舟"，将地球物种的基因存储起来，当地球遭遇核战争危机或小行星撞击时，人类的生命可以得到延续。

科学家已经雄心勃勃地设想：在月球上开发一片永久性居住的宇宙观测基地，建立城市，然后用巨型火箭把人送上月球旅行或居住。也许，不久的将来，人类将把月球变成生活的乐土，那么"世界"对于人们来说则不仅仅意味着地球，月球将成为当之无愧的世界"第八大洲"。

扩展阅读

尼尔·奥尔登·阿姆斯特朗，1930年8月5日生于俄亥俄州瓦帕科内塔。1955年获珀杜大学航空工程专业理学硕士学位。1949～1952年在美国海军服役（飞行驾驶员）。1955年进入国家航空技术顾问委员会（即后来的国家航空和航天局）刘易斯飞行推进实验室工作，后在委员会设在加利福尼亚的爱德华兹高速飞行站任试飞员。1962～1970年在休斯敦国家航空和航天局载人宇宙飞船中心任宇航员。1966年3月为"双子星座－8号"宇宙飞船特级驾驶员。

↓现在，科学家们打算在月球上开发出一片土地，让月球变得适合人类居住

月球上是否存在智能生物

月球，跟随地球多少年了？也许地球上还没有人类之前，它就在天天看着地球。以前，大家都说月亮上有一座广寒宫，住着一位古代美女——嫦娥、一只白兔，还有一位天天在砍伐桂树的吴刚。然而，1969年7月19日，美国"阿波罗神11号"太空船登陆月球，没有看到广寒宫，没有找到嫦娥和白兔，更没有桂树和吴刚，有的却是更多关于外星生物的猜测：是否有未知的智能生物在人类之前就到过月球了呢？

阿姆斯特朗的遭遇

1969年7月20日，美国东部时间22时56分，"阿波罗11号"成功登月，宇航员阿姆斯特朗成为人类历史上第一个踏上月球的地球人。

在令全世界沸腾的电视直播中，人们突然听到宇航员阿姆斯特朗说了一句："……难以置信！……这里有其他宇宙飞船……他们正注视着我们！"此后信号突然中断，美国宇航局对此从未做出任何解释。不久之后，美国政府宣布终止一切登月计划，这一决定背后的原因至今仍是人类航天史上的一个秘密。

阿姆斯特朗说那句话的时候在月球上遭遇了什么呢？

火山口的巨大圆形物体

1968年12月21日，美国在肯尼迪航天中心向月球发射了第一艘探测飞船，当这艘飞船进入月球轨道之后，宇航员在100公里高空用望远镜照相机拍摄了第一张月球背面照片。许多年后，人们在研究这些照片的时候意外地发现，在火山口中有一个巨大的圆形物体，它十分规则，不像是自然之物，看上去好像正在着陆或起飞，那是外星飞船吗？

月球上的塔状建筑物

另外，从"阿波罗8号"开始，"阿波罗10号""阿波罗11号""阿波罗16号""阿波罗17号"都曾目击或拍摄过月面不明飞行物的照片，甚至早在1966年，美国的"月球轨道环形飞行器2号"就发现，在月面上有一些排列有序的12～23米高的塔状建筑物，随后，苏联的宇宙飞船也发现了这些建筑，这到底是什么呢？

种种无法解释的事件，更让人们对月球上是否存在智能生物充满了幻想。

扩展阅读

假如月亮没有形成，甲壳状生物将统治地球。

↓月球上的巨大圆形物体的电脑绘制图

如果月球没有在约45亿年前诞生，那么现在的地球将完全是另一番景象：地球的自转速度将会是现在的3倍，每天只有8小时。转速的加快将使地球产生强大的风暴和飓风，地球上将不会出现树木，因为植物必须紧紧依附在地面上才能生存，动物则需变得更强壮，身体形状符合空气动力学、身上长着天然甲壳，因为只有这样它们才能不被狂风刮起，不被吹落的碎石残骸砸死——也许统治地球的将会是一些像乌龟和犰狳状的生物。

月球的神秘魔力

我们的祖先称日月为太阳和太阴，这也就是说太阳和月亮作为一阳一阴对地球的生物和人类有着十分重要的影响。人和生物生活在地球的表面上，并生活在由日月形成的地月系统和宇宙场内，而月球又是一个充满魔力的星体。

月亮的阴晴圆缺影响蔬菜和人的生理

20世纪70年代，美国一所大学作了一个有趣的实验，结果发现，蔬菜的生长同月亮的圆缺有关。月圆时，马铃薯块茎淀粉的积聚速度最快，而美国的医学协会的一份报告中还指出，在满月和弦月这一段时间，有64%的病人会遭受到心绞痛的袭击。而在地球、太阳和月亮运行到一条直线时，38%患溃疡病的人，肠胃出血要多些。

为什么会产生这样的现象呢？一些科学家认为，这可以从万有引力和电磁的变动中得出部分答案。地球和月亮的相互作用，可能会影响人类的一些生理和心理上的行为。

月球的力与妇女分娩的关系

日本御茶水女子大学的藤原正彦教授对月球的引力进行研究发现，满月和新月前后会出现产妇分娩高峰，而且在满月和新月的两个不同时间里，绘出图的形状极其相似，并且存在一定的规律性。月球产生的力会引发产妇阵痛而进行分娩。并且，随着研究的进一步深入，也许还会发现更多的惊人事实。

扩展阅读

根据美国迈阿密市15年来发生的杀人事件数量和发生时间所做的统计发现，杀人事件在满月和新月之时明显出现高峰期，据警察和消防人员提供的资料显示，满月时纽约的纵火事件比平时增加一倍，其他的城市也大多如此。放火和伤害事件在满月之夜会特别的多。

↓月亮的阴晴圆缺会影响蔬菜的生长

第六章

蓝色地球——太阳系中最美丽的星球

太阳系中有一颗美丽的蓝色星球，它是太阳系从内到外的第三颗行星，也是太阳系中直径、质量和密度最大的类地行星。住在地球上的人类又常称呼地球为"世界"。地球是数百万种生物的家园，包括人类。地球是目前人类所知宇宙中唯一存在生命的天体。对于地球，你还了解多少呢？

地球诞生之谜

一片地狱般炽热的荒野，一个毫无生机的熔融行星，最终却变成了地球、人类和其他一切生物的发祥地。这是为什么？地球从何而来？你我又从何而来？地球是不是宇宙中唯一有生物存在的星球？这些都是人类诞生之后就孜孜以求想要弄清的奥秘。下面，我们就引领你探寻这些问题的答案。

地球的演变

地球的起源、地球上生命的起源和人类的起源，被喻为地球科学的三大难题。尤其是关于地球的起源，西方人长期以来信奉上帝创造世界的宗教观念，之后哥白尼、伽利略、开普勒和牛顿等人的发现彻底推翻了神创说，再之后开始出现各种关于地球和太阳系起源的假说。德国哲学家康德1755年设想因较为致密的质点组成凝云且相互吸引而成为球体、因排斥而使星云旋转，是关于地球起源的第一个假说。法国数学家

兼天文学家拉普拉斯于1796年提出行星由围绕自己的轴旋转的气体状星云形成说。苏联的天文学家费森柯夫认为太阳因高速旋转而成梨形和葫芦形，最后在细颈处断开，被抛出去的物质就成了行星，最后演变成了地球。当然还有其他形形色色的假说，如英国天文学家金斯认为地球也是太阳抛出的，而抛出的机制在于某个恒星从太阳旁边经过，两者间的引力在太阳上拉出了雪茄状的气流，气流内部冷却，尘埃物质集中，凝聚成陨石块，逐步凝聚成行星……

总之，在46亿年前，地球诞生了。地球演化大致可分为三个阶段：

第一阶段为地球圈层形成时期，其时限大致距今46亿年至42亿年。刚刚诞生时的地球与今天大不相同。根据科学家推断，地球形成之初是一个由炽热液体物质（主要为岩浆）组成的炽热的球。随着时间的推移，地表温度不断下降，固态的地核逐渐形成。密度大的物质向地心移动，密度小的物质（岩石等）浮在地球表面，这就形成了一个表面主要由岩石组成的地球。

第二阶段为太古宙时期，又称元古宙时期。其时限距今42亿年至5.43亿年。地球不间断地向外释放能量。由高温岩浆不断喷发释放的水蒸气、二氧化碳等气体构成了非常稀薄的早期大气层——原始大气。随着原始大气中的水蒸气的不断增多，越来越多的水蒸气凝结成小水滴，再汇聚成雨水落入地表。就这样，原始的海洋形成了。

第三阶段为显生宙时期，其时限由5.43亿年至今。显生宙延续的时间相对短暂，但这一时期生物极其繁盛，地质演化十分迅速，地质作用丰富多彩，加之地质体遍布全球各地，广泛保存，可以极好地对其进行观察和研究，为地质科学的主要研究对象，并建立起了地质学的基本理论和基础知识。

◆◆ 生命的诞生

为了了解生命起源，人们在不断通过实验和推测等研究方法，提出各种假设来解释生命诞生。1953年美国青年学者米勒在实验室用充有甲烷（CH_4）、氨气（NH_3）、氢气（H_2）和水（H_2O）的密闭装置，以放电、加热来模拟原始地球的环境条件，合成了一些氨基酸、有机酸和尿素等物质，轰动了科学界。这个实验的结果极具说服力地表明，早期地球完全有能力孕育生命体，原始生命物质可以在没有生命的自然条件下产生出来。

在原始海洋中，一些有机物质经过长期而又复杂的化学变化，逐渐形成了更大、更复杂的分子，直到形成组成生物体的基本物质——蛋白质，以及作为遗传物质的核酸等大分子物质。在一定条件下，蛋白质和核酸等物质经过浓缩、凝聚等作用，形成了一个由多种分子组成的体系，外面有了一层膜，与海水隔开，在海水中又经历了漫长、复杂的变化，最终形成了原始的生命。

扩展阅读

一个由12个国家和地区的73名天文学家组成的国际天文研究小组2006年1月25号在智利宣布，他们运用"引力微透镜技术"观测到了一颗"迄今为止最像地球"的行星。这颗行星的质量约为地球的5.5倍，距地球约为2.8万光年。这颗类地行星由岩石和冰组成，具有适合生命存在的条件，还可能会有水。这一发现预示人类在宇宙中寻找到新生命的机会大大增加。

↓地球的外面被一层大气包裹着，为地球生物的生存提供了良好的条件

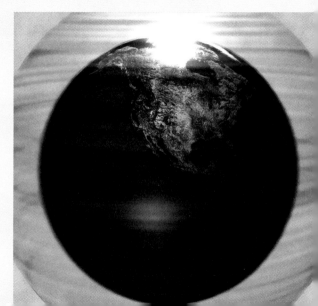

地球上的海水来自哪里

起初，科学家们坚信，海水是地球固有的。它们开始以结构水、结晶水等形式储存在矿物和岩石之中。以后，随着地球的不断演化，它们便从矿物、岩石中释放出来，成为海水的来源。然而，一些科学家却有不同看法……

"初生水"

早先人们认为，这些水是地球固有的。当地球从原始太阳星云中凝聚出来时，这些水便以结构水、结晶水等形式存在于矿物和岩石中。以后，随着地球的不断演化，轻重物质的分异，它们便逐渐从矿物和岩石中释放出来，成为海水的来源。例如，在火山活动中总是有大量水蒸气伴随岩浆喷溢出来，一些人认为，这些水汽便是从地球深部释放出来的"初生水"。

然而，科学家们经过对"初生水"的研究，发现它只不过是渗入地下，然后又重新循环到地表的地面水。况且，在地球近邻中，金星、水星、火星和月球都是贫水的，唯有地球拥有如此巨量的水。这实在令人感到迷惑不解。

不同的看法

有些科学家认为，地球上的水，至少大部分的水，不是地球固有的，而是由撞入地球的彗星带来的。因为从人造卫星发回的数千张地球大气紫外辐射照片中发现，在圆盘状的地球图像上总有一些小斑点，每个小黑斑大约存在二三分钟，面积2000平方公里。科学家们认为，这些斑点是一些由冰块组成的小彗星冲入地球大气层造成的，是这种陨冰因摩擦生热转化为水蒸气的结果。从照片还可估算出，每分钟约20颗小彗星进入地球，若其平均直径为10米，则每分钟就有1000立方米水进入地球，一年可达0.5立方公里左右。自地球形成至今46亿年中，将有23亿立方公里的彗星水进入地球。这个数字显然大大超过现有的海水总量。因此，上述观点是否正确，还有待验证。

另一些科学家相信水是地球固有的。虽然火山蒸气与热泉水主要来自地面水循环，但不排除其中有少量"初生水"。如果过去的地球一直维持与现在火山活动时所释放出来的水汽总量相同的水汽释放量，那么几十亿年来累计总量将是现在地球大气和海洋总体积的100倍。所以他们认为，其中99%是周而复始的循环水，但却有1%是来自地幔的"初生水"。而正是这部分水构成了海水的来源。地球的近邻贫水，是由于其引力不够或温度太高，不能将水保住，更不能由此推断地球早期也是贫水的。

目前，各种意见仍相持不下。

知识链接

海水中含有大量盐类和多种元素，其中许多元素是人体所需要的。但海水中各种物质浓度太高，远远超过饮用水卫生标准，如果大量饮用，会导致细胞脱水，影响人体正常的生理功能，严重的还会引起中毒。如果喝了海水，可以采取大量饮用淡水的办法补救。大量淡水可以稀释人体摄入过多的矿物质和元素，将其通过汗液排出体外。

↓彗星与地球之间的碰撞

窥探潮汐之神采

海水有涨潮和落潮现象。涨潮时，海水上涨，波浪滚滚，景色十分壮观；退潮时，海水悄然退去，露出一片海滩。我国古书上说"大海之水，朝生为潮，夕生为汐"。海水的起落也就幻化成了美丽的潮汐之景。

揭开潮汐面纱

潮汐是指海水在天体（主要是月球和太阳）引潮力作用下所产生的周期性运动，习惯上把海面垂直方向涨落称为潮汐，而海水在水平方向的流动称为潮流。潮汐是沿海地区的一种自然现象，古代称白天的河海涌水为"潮"，晚上的称为"汐"，合称为"潮汐"。凡是到过海边的人们，都会看到海水有一种周期性的涨落现象：到了一定时间，海水推波助澜，迅猛上涨，达到高潮；过后一些时间，上涨的海水又自行退去，留下一片沙滩，出现低潮。如此循环重复，

永不停息。海水的这种运动现象就是潮汐。随着人们对潮汐现象的不断观察，对潮汐现象的真正原因逐渐有了认识。潮汐是由于月亮和太阳对海水的吸引力引起的假设，从而科学地解释了产生潮汐的原因。并且，潮汐还

↓潮汐的发生与太阳和月亮有着十分密切的关系

是所有海洋现象中较先引起人们注意的海水运动现象，它与人类的关系非常密切。海港工程，航运交通，军事活动，渔、盐、水产业，近海环境研究与污染治理，都与潮汐现象密切相关。永不休止的海面垂直涨落运动蕴藏着极为巨大的能量，这一能量的开发利用也引起了人们的兴趣。

预测潮汐发生时间

潮汐的发生和太阳、月球都有关系，也和我国传统农历对应。在农历每月的初一即朔点时刻处，太阳和月球在地球的一侧，所以就有了最大的引潮力，所以会引起"大潮"，在农历每月的十五或十六附近，太阳和月亮在地球的两侧，太阳和月球的引潮力你推我拉也会引起"大潮"；在月相为上弦和下弦时，即农历的初八和二十三时，太阳引潮力和月球引潮力互相抵消了一部分，所以就发生了"小潮"，故农谚中有"初一十五涨大潮，初八廿三到处见海滩"之说。另外每天也有涨潮发生，由于月球每天在天球上东移13度多，合计为50分钟左右，即每天月亮上中天时刻（为1太阴日=24时50分）约推迟50分钟左右（下中天也会发生潮水，每天一般都有两次潮水），故每天涨潮的时刻也推迟50分钟左右。而我国劳动人民千百年来来总结出许多的算潮方法，简明公式为：高潮时=0.8小时×[农历日期－1(或16)]+高潮间隙。这样我们就能从预测潮汐到来的时刻。

扩展阅读

钱塘江大潮是天体引力和地球自转的离心作用，加上杭州湾喇叭口的特殊地形所造成的特大涌潮。每年农历八月十八，钱江涌潮最大，潮头可达数米。海潮来时，声如雷鸣，排山倒海，犹如万马奔腾，蔚为壮观。观潮始于汉魏（公元前2世纪至公元3世纪），盛于唐宋（公元7世纪至13世纪），历经2000余年，已成为当地的习俗。

"温暖"的南极大陆与厄尔尼诺之谜

你也许不知道，南极大陆原本是个气候温暖、植物浓盛的地方，而"厄尔尼诺"现象每次都会导致全球性的气候异常。

南极大陆的由来

南极大陆原本是个气候温暖、植物茂盛的地方。三亿年前石炭纪时，七大洲连在一起叫联合大陆，其南半部叫冈瓦纳古陆，由南美洲、非洲、印度和澳大利亚、南极大陆连在一起。当时气候温暖，在南极大陆曾发现5亿年前的古杯海绵化石、4亿年前的三叶虫、头足类的菊石和箭石化石及3亿年的鲨鱼牙齿化石。2.8亿年前二叠纪时，与南极大陆同在的冈瓦纳古陆，气候温暖，植物茂盛，形成了大片森林，有裸子植物化石等。水龙鲁化石的发现是"南极大陆漂移"的证据。

2400万年前，南美洲安第斯山脉

和南极半岛段开，形成德雷克海峡。南极大陆完全孤立并由此造成环极洋流，使南极气候迅速变冷，从此戴上了永久的冰雪之盖。

"厄尔尼诺"之谜

"厄尔尼诺"是一种发生在热带海洋中的异常现象，其显著特征是赤

↓ "厄尔尼诺"现象给人类生活带来的危害

宇宙的秘密

106

道太平洋东部和中部海域海水出现显著增温。

　　正常情况下，西太平洋海水温度较高，大气的上升运动强，降水丰沛；而赤道中、东太平洋，海水温度较低，大气为下沉运动，降水很少。当"厄尔尼诺"现象发生时，由于赤道西太平洋海域的大量暖海水流向赤道东太平洋，致使赤道西太平洋海水温度下降，大气上升运动减弱，降水也随之减少，造成那里严重干旱。而在赤道中、东太平洋，由于海温升高，上升运动加强，造成降水明显增多，暴雨成灾。热带地区大范围大气环流的变化，又必然影响和改变了南北方向的经圈大气环流，从而导致全球性的大气环流和气候异常。

　　"厄尔尼诺"现象是海洋和大气相互作用不稳定状态下的结果。据统计，每次较强的"厄尔尼诺"现象都会导致全球性的气候异常，由此带来巨大的经济损失。

扩展阅读

　　"厄尔尼诺"现象，大约每七年出现一次，总在出现于太平洋水温因不明原因突然蹿升时，巨大水量的异常温暖的海水将更多的热能与水气传入大气，这将在几个月中引发链状反应破坏全球风带及降水的分布。

　　在最严重的事例中，如一个末期的广泛的灾难从十一月约持续到第二年三月，结果引起加利福尼亚连续不断的暴雨、泥石流和海岸毁堤，湍流淹没了美国南部的三分之二地区；在澳大利亚、印度尼西亚、南美及非洲则是致命的干旱。

恐龙可能进化成"人"

恐龙灭绝于6500万年前一小行星撞击地球灾难中的说法已被人们广泛接受。如果那颗小行星只与地球擦肩而过，现在的地球将会是什么模样？

人类可以饲养恐龙

加拿大古生物学家科里称，如果小行星没有撞击地球，他相信恐龙至今仍将是地球主宰，长颈鹿、大象等现代动物不可能进化出来。地球上将拥有大量大型爬行动物，而霸王龙也许将代替狮子统治非洲草原。

科学家认为，人类若和恐龙生活在同一时代，将缺乏赖以生存的条件。因为地球上将不会有奶牛、绵羊、猫狗等动物，也就没有了牛奶、皮革、羊毛、宠物等生活用品。不过科学家认为，人类也许可以养殖恐龙，并食用和交易它们的恐龙蛋。

聪明恐龙将进化成 "恐龙人"

科学家认为，在恐龙濒临灭绝的时代，最聪明的恐龙要数伤齿龙。它们个子很小，直立行走，喜欢群居。

通过研究它们的大脑容量，生物学家发现它们不但拥有良好的视力，甚至还拥有潜在的解决问题的能力。古生物学家莫里斯相信，如果恐龙没有灭绝，伤齿龙很可能会沿着灵长类或人类的发展方向进化，最后成为具有智慧的"恐龙人"。

龙的繁殖行为、恐龙蛋壳的起源和演变，复原恐龙时代的生态环境，研究恐龙的出现、繁盛和绝灭，划分和对比白垩纪地层以及确定地层的地质年代，研究古气候、古地理和古生物的变迁，提供找矿启示等，都是不可多得的珍贵实物资料。

扩展阅读

恐龙蛋化石是历经上亿年沧海桑田演变的稀世珍宝，是生物和人类进化史上具有重要意义的科学标本，是世界上珍贵的科学和文化遗产。恐龙蛋化石对于探索恐

↓恐龙蛋化石

"很受伤"的地球

科学技术的迅速发展不但大大提高了生产力，而且让人类制造出了许多自然界原本没有的东西。人类肆意地向大自然索取资源的同时，还任意地排出废物，这种对环境的破坏在短期内往往难以恢复。保护地球生态环境，我们能做些什么？

◆ 丰饶的地球

地球是目前发现的第一个具有生命个体的行星。

地球总面积约为5.10072亿平方公里，其中约29.2%（1.4894亿平方公里）是陆地，其余70.8%（3.61132亿平方公里）是海洋。陆地主要在北半球，有五块大陆：欧亚大陆、非洲大陆、美洲大陆、澳洲大陆和南极大陆，还有很多岛屿。大洋则包括太平洋、大西洋、印度洋和北冰洋四个大洋及其附属海域。海岸线共356000千米。

地球的自然资源非常丰富：

地壳中包含大量化石燃料沉积：煤、石油、天然气、甲烷气等物质。这些沉积物被人类用来制造能源和作为其他化学物的原料。

在腐蚀和行星撞击作用下，含铁矿石组成了地壳。这些金属矿石包含了多种金属质和有用的化学元素。

地球生物圈能够产生大量有用的物质，包括（但不限于）食物、木材、药物、氧气。生物圈还能回收大量有机垃圾，地面生态系统是依赖于上层土和新鲜水的，而海洋生态系统依赖于陆地上冲刷后溶解的营养物。

人类开发地球的自然资源是很普遍的。

某些资源，比如化石燃料，是很难短时间内再重新产生的，被称做非再生资源。人类文明对不可再生资源的掠取已经成为现代环保主义运动的重要论争之一。

◆ 地球之伤

恩格斯说过："我们不要过分

陶醉于我们对自然界的胜利，对于每一次这样的胜利，自然界都报复了我们。"大约35亿年前，从地球上生物出现时起，就不断有新物种产生，也不断有物种灭绝。可是工业革命以来，由于人类过分的行为，一些物种正以惊人的速度消失。据不完全统计，鸟类在公元1600～1800这200年间灭绝25种，公元1800～1950年间灭绝75种，现在每3年灭绝2种，从公元1600年以来，约有100种已知的哺乳动物灭绝。

多了解一点有关地球的知识，不仅能让你的头脑更加丰富，而且还能让你更加热爱生命，对生命的认识产生新的认识。

知识链接

1970年4月22日，在太平洋彼岸的美国，人们为了解决环境污染问题，自发地掀起了一场声势浩大的群众性的环境保护运动。

在这一天，全美国有10000所中小学，2000所高等院校和2000个社区及各大团体共计2000多万人走上街头。人们高举着受污染的地球模型、巨画、图表，高喊着保护环境的口号，举行游行、集会和演讲，呼吁政府采取措施保护环境。这次规模盛大的活动，震撼朝野，促使美国政府于20世纪70年代初通过了水污染控制法和清洁大气法的修正案，并成立了美国环保局。从此，美国民间组织提议把4月22日定为"地球日"，它的影响随着环境保护的发展而日趋扩大并超过了美国国界，得到了世界许多国家的积极响应。

↓地球内部含有丰富的矿产资源

地球毁灭之日

随着电影《2012》在全球热映，"世界末日说"成为人们议论的热点。世界真的即将毁灭了吗？地球是否会变成一片废墟或者宇宙中的尘埃？

神话预言

公元前2800年，亚述人泥碑上记述了世界末日，这是人类最古老的世界末日预言。碑文上写道："我们的地球在今后将衰落。种种迹象表明世界将迅速走向灭亡。贿赂和腐败相当普遍。"其实，不管在什么地方，只要两个年龄超过30岁的人凑在一起，我们恐怕就会听到类似的危言耸听。

玛雅文明的预言中说到公元2012年12月22日地球会发生完全的变化，进入新的时代，而不是说世界要毁灭了。

近日，梵蒂冈的研究人员披露，世界著名画家达·芬奇也曾预言过"世界末日"。在他看来，世界将在4006年11月1日灭亡。这个预言是在达·芬奇的名画《最后的晚餐》中被发现的。

自然灾害

地震、滑坡、台风、海啸、冰雹、旱灾、飓风、洪灾、寒潮、雪灾、酸雨、沙尘暴、荒漠化、风暴潮、龙卷风、泥石流、水土流失、火山爆发、生物灾害、雪崩、暴风雨、生物链缺失等自然灾害不仅造成人员伤亡、财产损失、社会失稳、资源破坏等现象或一系列事件，而且让人类的存在变得岌岌可危，仿佛"世界末日"真的即将来临。面对自然灾害，我们要学会自救，调整好自身心态。

科学的解释

地球的未来与太阳有密切的关联，由于氦的灰烬在太阳的核心稳定的累积，太阳光度将缓慢的增加，在未来的11亿年中，太阳的光度将增加10%，之后的35亿年又将增加40%。气候模型显示抵达地球的辐射增加，可能会有可怕的后果，包括地球的海洋可能消失。

地球表面温度的增加会加速无机物的二氧化碳循环，使它的浓度在9亿年间还原至植物致死的水平。缺乏植物会导致大气层中氧气的流失，那么动物也将在数百万年内绝种。而即使太阳是永恒和稳定的，地球内部持续的冷却，也会造成海洋和大气层的损失（由于火山活动降低）。在之后的十亿年，地球表面的水将完全消失，并且全球的平均温度将可能达到70℃。

太阳在大约50亿年后将成为红巨星。模型预测，届时的太阳直径将膨胀至现在的250倍，大约1天文单位（149597871千米）。地球的命运并不很清楚，当太阳成为红巨星时，大约已经流失了30%的质量，所以若不考虑潮汐的影响，当太阳达到最大半径时，地球会处在距离太阳大约1.7天文单位（254316380千米）的轨道上，因此，地球会逃逸到太阳松散的大气层封包之外。因而，绝大部分（如果不是全部）现在的生物会因为与太阳过度的接近而被摧毁。可是，最近的模拟显示，由于潮汐作用和拖曳将使地球的轨道衰减，也有可能将地球推出太阳系。

扩展阅读

"地球一小时"是世界自然基金会为应对全球气候变化所发起的一项活动。该活动号召每年人们在3月份最后一个周六的20时30分至21时30分，统一熄灯一小时。组织者希望借此活动推动电源管理，减少能源消耗，唤起人们以实际行动应对全球变暖的意识。

2011年的"地球一小时"将不止是熄灯，活动的发起方希望可以借此唤起大家的环保意识。无论是使用节能家电、节约用水、垃圾分类，或是种下一株花草，只要适合你，就是你的环保行动宣言。

↓ 破碎的地球

谁在有意无意地抛弃太空垃圾

"21世纪50年代，我们的生活很不安定。"一位老者在发着感慨，"我的后半生一直是在太空垃圾袭击的警报声中度过的。""可不是吗，"另一位老者说，"半夜三更就怕那狼嚎似的警报声。"

有意无意地抛弃

太空垃圾，是人类在探索宇宙的过程中，有意或无意遗弃在宇宙空间的各种残骸和废物。太空垃圾名目繁多，大的有已经"寿终正寝"但仍在空间轨道兜圈子的卫星、空间站等航天器，或被遗弃的运载火箭推进器残骸；中等大的有意外爆炸形成的碎片。太空垃圾的来源包括报废的航天器及火箭残骸、宇航员的生活垃圾以及人类太空活动掉落的空间微粒等。美国在1958年发射的一颗命名为"先锋"的卫星，成了尚存的时间最长的太空垃圾之一。除了进行航天任务时

扔到太空的垃圾越来越多以外，已在太空的垃圾件数也会自行增多，即当脱离主体的火箭中含有的剩余燃料在太空爆炸时，便会生成无数碎块，形成更多的太空垃圾。调查表明，自开辟太空时代50多年来，太空垃圾大约已有2.5万块。由于其中许多物体在进入大气层时烧掉了，所以现在能够看到的大约有9000块。一个太空飞行器若在600公里的高空飞行，它将围绕地球转25～30年，如果它位于1000公里的高度，则可飞行到4001年，如果再高，它则几乎会成为永恒的物体。到2009年1月为止，太空中这种"长寿"的垃圾越来越多，清除它们极其艰难。一般来说，这些太空垃圾在大气阻力的影响下会逐渐陨落，但是如果它的轨道很高，在1000千米以上，大气阻力很小，那它能在轨道上存留数万年甚至数百万年。

被抛弃的致命报复

自20世纪50年代人类开始进军宇宙以来，人类已经发射了4000多次

航天运载火箭。据不完全统计，太空中现有直径大于10厘米的碎片9000多个，大于1.2厘米的有数十万个，而漆片和固体推进剂尘粒等微小颗粒可能数以百万计。不要小看这些太空垃圾，由于飞行速度极快（6～7公里/秒），它们都蕴藏着巨大的杀伤力，一块10克重的太空垃圾撞上卫星，相当于两辆小汽车以100公里的时速迎面相撞——卫星会在瞬间被打穿或击毁！这些对于宇航员和飞行器来说都是巨大的威胁。

目前地球周围的宇宙空间还算开阔，太空垃圾在太空中发生碰撞的概率很小，但一旦撞上，其结果就是毁灭性的。更令航天专家头疼的是"雪崩效应"——每一次撞击并不能让碎片互相湮灭，而是产生更多碎片，而每一个新的碎片又是一个新的碰撞危险源。如果有一天，地球周围被这些太空垃圾挤满的时候，人类探索宇宙的道路该何去何从呢？太空垃圾是人类在进行航天活动时遗弃在太空的各种物体和碎片，它们如人造卫星一般按一定的轨道环绕地球飞行，形成一条危险的垃圾带。此后，随着人类太空史上的一次次壮举，太空垃圾与日俱增。据统计，目前约有3000吨太空垃圾在绕地球飞奔，而其数量正以每年2%～5%的速度增加。科学家们预测：太空垃圾以此速度增加，将会导致灾难性的连锁碰撞事件发生，如此下去，到2300年，任何东西都无法进入太空轨道了。而首次发现太空垃圾残骸坠地则是1994年，"飞马座"无人火箭爆炸，瞬间化为30万件直径超过八分之一英寸的碎片。这次天上掉垃圾事件引起了世界各国对宇宙环境的关注。

↓被有意无意丢弃在太空中的垃圾

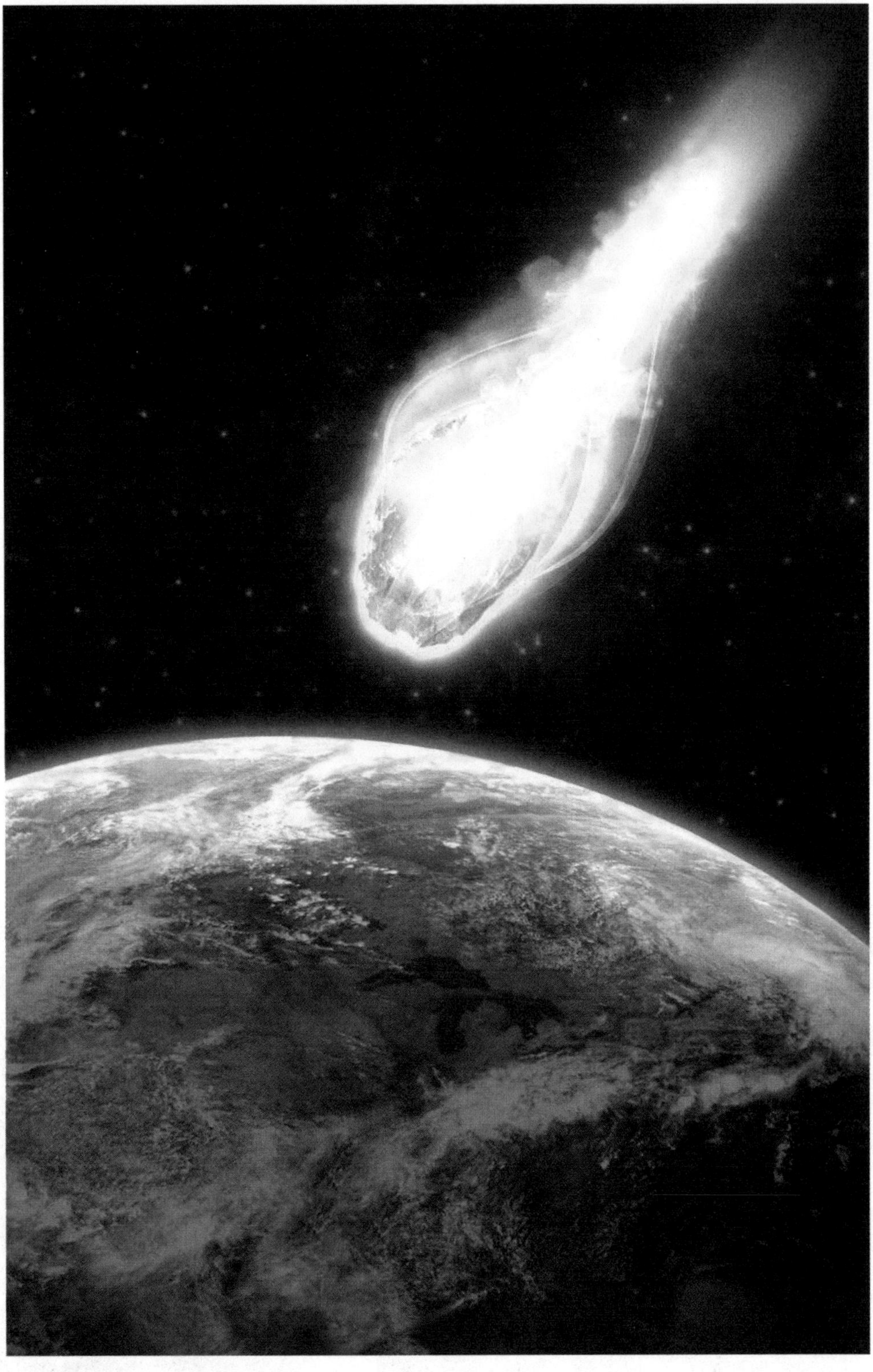

神奇的世界

第七章

探索星系的奥秘——宇宙中庞大的星星"岛屿"

　　从古至今，人类对于宇宙繁星的探索从未中断过。近年来，科学家发现了很多关于宇宙的多种怪异神秘的现象，人类再一次将好奇的目光投注在宇宙中。有关这些宇宙行星、恒星、星系与黑洞家族的各种新奇故事也成为了人们最为津津乐道的话题。

星系"食人族"

据国外媒体报道，科学家近日首次发现星系"食人族"——即在一个星系中心，科学家发现了一个巨大的黑洞，但是令人感到惊奇的是，在这个黑洞中还包含着另一个大黑洞。

相互"吞噬"的星系

几乎宇宙中所有的大型星系中心都"居住"着一个巨大的黑洞，它们的质量可以达到太阳的数百万倍，甚至最高可以达到数亿倍。科学家在利用模型来模拟星系的形成和生长后，预测到在这些星系中心生成的黑洞，都是跟随星系共同生长的，在生长的过程中，星系还会同其他星系发生合并。一些天文学家就曾亲眼见证过同质量星系互相融合的最后阶段，并将这一现象称为"重要的吸收"。虽然一些小型星系的合并现象在宇宙中十分常见，但奇怪的是，科学家至今尚未亲眼见证到小型星系合并的场面。

所以，这次大型星系合并现象的发现，完全在科学家意料之外。

星系"食人族"

据了解，一个名为"NGC3393"的星系，位于一亿六千万光年之远的地方。科学家通过使用美国宇航局的钱德拉X射线瞭望台发现了这个星系，最初，科学家只是想要探究在星系中心"仅有"的那个黑洞是什么样子，但随着深入观察才发现，这个星系中心竟然存在两个黑洞，其中一个质量约为太阳的3000万倍，稍小黑洞的质量也至少是太阳的1000万倍，这两个大黑洞彼此仅有490光年的距离。美国宇航局在声明中表示，这是迄今为止在地球上看到的距离最近的两个黑洞。

通常，随着星系之间的碰撞，还会发生戏剧性的结果，比如星系"NGC6240"和星系"MRK463"，都是大型星系合并的结果，也从侧面描绘出了合并后星系被破坏的形状，同时，在合并后星系的核心旁还形成

了许多新星。但与此相反，在这次发现的大型星系合并后的产物中，却发现了一个有规律的螺旋形状星云，且与银河系的形状十分相似，且这个星系的核心旁也没有新星的形成，看起来这两个星系的合并并未扰乱任何事情。这也就解释了为何星系之间的吞并在宇宙中经常出现，但科学家却很难见到。就是因为，大型星系的合并也许对更大星系的合并并不会造成太大的干扰，所以，我们很难见到星系碰撞时发出的光波长，甚至这次看到的X射线，也仅仅是在两个黑洞同时存在于一个星系中心处才发现的。如果这两个黑洞不是因同时吞噬行星而一起发光，科学家也就不能够发现它们了。

知识链接

星系内的恒星在运动，星系本身也有自转，星系整体在空间同样也在运动之中。所谓星系的红移现象，就是在星系的光谱观测中，某一谱线向红端的位移。根据物理学中的多普勒效应，红移表明被观测的天体在空间视线方向上正在离我们而去。距离越远，红移量越大。

↓星系中存在的黑洞

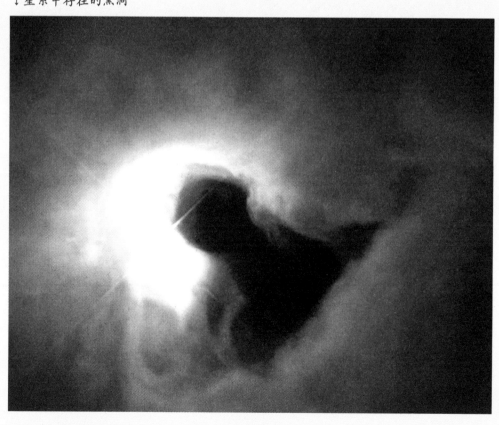

水星上的冰山之谜

看到水星的名字，人们脑海里总会产生这样的联想：水星上面有水吗？水星和水有何关联呢？宇宙奥妙无穷，常会有人们意想不到的事发生。在水星上没有液体水、没有蒸汽，却发现了冰山。

水星上有水吗

早在古代，日、月和五颗行星就能被肉眼观测到。它们在天空中移动且明亮，能发出连续不断的光，而且那些遥远的星星，看起来位置稳定，而且闪耀明亮。我们的祖先认识了日、月五行星特殊的位置，想象它们是主宰物质世界的化身或是天神的住地。在西方，古罗马人看到水星围绕太阳公转一周的时间最少，运行得最快，所以把希腊神话中一个跑得最快的信使"墨丘利"的名字给了水星。在中国，古时盛行用阴阳五形说，把宇宙简化为阴阳两大系统，并由此解释自然万物的构成变化，"阴阳者，

天地之道也"。

从现代天文观测上看，水星上有水吗？

"水手1号"对水星天气的观测表明，水星最高温度420℃。最低温度173℃,水星表面没有任何液体水存在的痕迹。就算是我们给水星送去水，水星表面的高温会使液体和气体分子的运动速度加快，足以逃出水星的引力场。也就是说，要不了多久，水和蒸汽会全部跑到宇宙空间，逃得无影无踪。

水星大气中有水蒸气吗？

水星上的大气非常稀薄，大气压力不到地球上的一百万亿分之一，水星大气主要成分是氮、氢、氧、碳等。水星质量小，本身吸引力不能把大气保留住，大气会不断地向空中飞逸。现在的稀薄大气可能依靠太阳不断地抛射太阳风来补充，因为太阳风的大部分成分就是氢、氮的原子核电子。

从水星光谱分析来看，水星有一点大气，但大气中没有水。这已是普遍公认的事实了。

发现冰山

没有液体水、没有蒸汽的水星，却"发现了冰山"。

1991年8月，水星飞至离太阳最近点，美国天文学家用27个雷达天线的巨型天文望远镜在新墨西哥州对水星观测，得出了破天荒的结论——水星表面的阴影处，存在着以冰山形式出现的水。

冰山多达20处，直径15~60公里，最大的可达到130公里。大都处在太阳从未照射到的火山口内和山谷之中的阴暗处，那里的温度在-170℃。它们都位于极地，那里通常在-100℃，那里隐藏着30亿年生成的冰山。由于水星表面的真空状态，冰山每10亿年才融化8米左右。

天文学家是这样解释水星冰山形成的：水星形成时，内核先凝固并发生剧烈的抖动，水星表面形成高山，同时火山爆发频繁，又多次遭受陨星和彗星冲击，因此水星表面坑坑洼洼。至于水是水星原来就有的，还是后来由陨星带来的，科学家们对此还有很多分歧。

扩展阅读

60年代中期以来，美国和苏联相继发射宇宙飞船，对火星进行考察。从飞船考察的情况来看，火星表面很像月球，上面有一万多个大大小小的环形山。

在火星的大气中，含有形成生命不可缺少的基本元素：碳、氢、氧、氮以及水蒸气。有人根据火星上的大气构成、火星表面有弯曲的河床地形等推测，火星过去可能存在高级生命。现在，专家们一致认为，火星上至少有低级的生命形式。

↓水星上会有水吗

美丽的土星环之谜

在太阳系的八大行星中，除土星之外，天王星和木星也都具有光环，但它们都不如土星光环明丽壮观。土星光环结构复杂，千姿百态，光环环环相套，以至成千上万个，看上去更像一张硕大无比的密纹唱片上那一圈圈的螺旋纹路。在望远镜里，我们可以看到三圈薄而扁平的光环围绕着土星，仿佛戴着明亮的项圈。

美丽光环的由来

光环的形成原因还不十分清楚，据推测可能是由彗星、小行星与较大的土星卫星相撞后产生的碎片组成的。所有的环都由大小不等的碎块颗粒组成，大小相差悬殊，大的可达几十米，小的不过几厘米或者更微小。它们外面包裹了一层冰壳，由于太阳光的照射，而形成了动人的明亮光环。长期以来，这条光环是如何形成的，一直是天文学家努力研究的热点

问题。有专家解释，几百万年前，一颗卫星在土星引力作用下与包围土星的大气相撞。随后，土星吸住"死星"外围冰块，最终形成了美丽光环。此前，人们认为，土星光环是其卫星彼此相撞或者是外来星云与土星相撞的结果，不过近年来天文学家发现，土星光环主要由冰构成（占95%）。因此，它很可能是一颗"冰壳卫星"与土星外围物质相撞后的结果。这颗死星的其他部分则因重量较大而坠入土星大气层，外围的冰块则成为了土星美丽的光环。

土星光环的"消失"

2009年的大部分时间，当你拿起望远镜观测土星时，也许你会有些失望，因为你会发现，这顶"空中草帽"中的最好看的部分——帽檐儿，也就是土星环，仿佛消失了，它变成了一条细细的直线。1610年，当伽利略将他自制的望远镜对准土星时，他看到的就是土星环将要变成一条直线时的情景。在他的望远镜里，光环的

两端仿佛像两只"耳朵"，当时的伽利略并没有意识到那是土星的光环，他认为土星是由大小不一的三颗星组成的。直到半个世纪后，这个疑团才由惠更斯解开，他用更先进的望远镜观测了土星，并宣布土星具有一个光环。土星环给人最为强烈的印象是明亮且又宽又薄。

土星环延伸到土星以外辽阔的空间，土星最外环距土星中心有10~15个土星半径，土星光环宽达20万公里，可以在光环面上并列排上十多个地球，如果拿一个地球在上面滚来滚去，其情形如同皮球在人行道上滚动一样。土星环宽度从48公里到30.2万公里不等，以英文字母的头7个命名，距离土星从近到远的土星环分别以被发现的顺序命名为D、C、B、A、F、G和E。土星及土星环在太阳系形成早期已形成，当时太阳被宇宙尘埃和气体所包围，最后形成了土星和土星环。

土星光环很薄。我们在地球上透过土星环，还可见到光环侧后方闪烁的星星，土星环估计最厚不超过150公里。所以，当光环的侧面转向我们时，远在地球上的人望过去，150公里厚的土星环就像薄纸一张——光环"消失"了。每隔15年，光环就要消失一次。奇异的土星光环位于土星赤道平面内，与地球公转情况一样，土星赤道面与它绕太阳运转轨道平面之间有个夹角，这个27°的倾角，造成了土星光环模样的变化。我们会一段时间"仰视"土星环，一段时间又"俯视"土星环，这种时候的土星环像顶漂亮的宽边草帽。另外一些时候，它又像一个平平的圆盘，或者突然隐身不见，这是因为我们在"平视"光环，即使是最好的望远镜也难觅其"芳踪"。1950～1951年、1995～1996年，都是土星环失踪年。

↓据推测，土星环可能是由彗星、小行星与较大的土星卫星相撞后产生的碎片组成的

太阳系三大怪异小行星

尽管在过去两个多世纪的观测中，人类观测到的小行星数不胜数，但是其中最著名、最怪异的三颗小行星却不得不提，它们分别是谷神星、巴普提斯蒂娜星和阿波菲斯星……

最大最重的小行星

谷神星发现于1801年，是最早发现的小行星，也是迄今为止发现的最大小行星。谷神星的质量占整个小行星带的三分之一。这颗小行星是如此之重，以至于它也是唯一一颗用重力将自己拉成球体的小行星。由于谷神星很圆，因此它也被认为是一颗矮行星。"曙光号"在完成对灶神星的探测任务后，将继续飞往谷神星，预计将于2015年抵达那里。抵达谷神星后，"曙光号"将搜集科学家关心的数据，如谷神星的化学成分等。谷神星还可能是一颗最潮湿的小行星，其内核可能以冰的形态存储有大量的水资源。还有一种可能是，在其表面之下有一个液态层。

恐龙灭绝的杀手

巴普提斯蒂娜的著名之处在于，它被认为是造成恐龙灭绝的杀手。巴普提斯蒂娜是小行星带中最年轻的小行星家族成员之一。小行星家族是指共享轨道特点的一群小行星，它们以最突出的成员命名。根据计算机模型，巴普提斯蒂娜和它的家族成员产生于大约1.6亿年前，是由一个直径约为60公里的天体与一个直径约为170公里的天体相碰撞产生的。这次碰撞形成了数百个较大天体碎片，其中许多都闯入了地球的怀抱。在大约6500万年前，其中一颗或多颗碎片撞向地球，造成了恐龙的灭绝。这次撞击形成了奇克苏卢布陨石坑，如今陨石坑被埋于尤卡坦半岛和墨西哥湾之下。巴普提斯蒂娜的家族成员同样没有放过月球。大约在1.09亿年前，巴普提斯蒂娜家族一个成员撞向月球，在月球上形成了著名的第谷环形山。

传说中将导致世界末日的太空岩石

阿波菲斯曾经与地球近距离擦肩而过。2004年，它与地球的距离约为161万公里（约为地球与月亮距离的4倍）。有许多太空岩石曾经与地球近距离擦肩而过，但阿波菲斯是引起天文学家最警觉和公众最关注的一颗太空岩石。阿波菲斯发现于2004年，以埃及神话中著名的灾难和破坏之神命名。阿波菲斯有可能将于2029年再次向地球飞来。科学家曾经计算过，它未来与地球相撞的可能性高达2.5%。不过，后来的测量数据将这种可能性几乎降至零。2004年12月，阿波菲斯的杜林危险指数为4分。杜林危险指数是指一套用作衡量近地天体撞击地球的10分制指标，10分代表天体明确会撞向地球并导致世界末日。尽管阿波菲斯2029年飞来时撞向地球的可能性已几乎降为零，但它与地球表面的距离将可能会缩小到大约30万公里。

↓太空岩石

是谁发现了"调皮"的脉冲星

1967年，一名博士研究生发现狐狸星座有一颗星发出一种周期性的电波。而经过仔细分析，科学家们认为这是一种未知的天体。因为这种星体不断地发出电磁脉冲信号，所以人们就把它命名为脉冲星。

脉冲星能周期性地发射脉冲

人们最早认为恒星是永远不变的。并且，由于大多数恒星的变化过程非常的漫长，因此，人们也根本觉察不到。然而，并不是所有的恒星都那么平静。因为，后来人们发现，有些恒星也很"调皮"，并且变化多端。于是，人们就给那些喜欢变化的恒星起了个专门的名字，叫"变星"。而脉冲星，就是变星的一种。它能发射出射电脉冲，并且发射出的射电脉冲的周期性也非常有规律。一开始，人们对此很困惑，甚至曾想到这可能是外星人在向我们发电报联系。据说，第一颗脉冲星就曾被叫做

"小绿人一号"。但是，经过几位天文学家一年的努力，终于证实脉冲星就是正在快速自转的中子星。也正是由于它的快速自转从而能够发出射电脉冲。但是我们知道恒星是有磁场的，并且，也像地球自转一样，恒星也在自转并且磁场方向不一定跟自转轴在同一直线上。所以，每当恒星自转一周，它的磁场就会在空间划一个圆，而且可能会扫过地球一次。那么我们就会想是不是所有恒星都能发脉冲？其实不然，要发出像脉冲星那样的射电信号，需要很强的磁场。体积越小、质量越大的恒星，它的磁场才越强。另外，当恒星体积越大、质量越大，它的自转周期就越长。我们很熟悉的地球自转一周要24小时。而脉冲星的自转周期竟然小到0.0014秒！要达到这个速度，连白矮星都不行。这同样说明，只有高速旋转的中子星，才可能扮演脉冲星的角色。

乔斯琳·贝尔发现脉冲星

1967年，英国剑桥新增了射电望远镜，这是一种新型的望远镜，它的

作用是观测射电辐射受行星际物质的影响。整个装置不能移动，只能依靠各天区的周日运动进入望远镜的视场而进行逐条扫描。1967年7月，这台仪器正式投入使用，接收波长为3.7米。用望远镜观测并担任繁重记录处理的是休伊什的女博士研究生乔斯琳·贝尔。在观测的过程中，细心的贝尔小姐发现了一系列奇怪的脉冲，这些脉冲的时间间距精确地相等。贝尔小姐立刻把这个消息报告给她的导师休伊什，休伊什认为这是受到了地球上某种电波的影响。但是，第二天，也是同一时间，也是同一个天区，那个神秘的脉冲信号再次出现。这一次可以证明，这个奇怪的信号不是来自于地球，它确实是来自于天外。这是不是外星人向我们发出的文明信号？新闻媒体对这个问题投入了极大的热情。不久，贝尔又发现了天空中的另外几个这样的天区，最后证明，这是一种新型的还不被人们认识的天体——脉冲星。1974年，这项新发现获得了诺贝尔物理学奖，奖项颁给了休伊什，以奖励他所领导的研究小组发现了脉冲星。令人遗憾的是，脉冲星的直接发现者，乔斯琳·贝尔小姐不在获奖人员之列。事实上，在脉冲星的发现中，起关键作用的应该是贝尔小姐严谨的科学态度和极度细心的观测。

↓脉冲星在旋转时发出的电磁场模拟图

恒星及其他特殊天体

在地球上遥望夜空，宇宙是恒星的世界。恒星在宇宙中的分布是不均匀的。从诞生的那天起，它们就聚集成群，相映生辉，组成双星、星团、星系……你想知道恒星的"一生"是怎样度过的吗？它的未来归宿又在哪里呢？

恒星的"一生"

恒星是由炽热气体组成的，是能自己发光的球状或类球状天体。

古代的天文学家认为恒星在星空的位置是固定的，所以起名"恒星"，意思是"永恒不变的星"。可是我们今天知道它们在不停地高速运动着，比如太阳就带着整个太阳系在绕银河系的中心运动。

恒星诞生于太空中的星际尘埃(科学家形象地称为"星云"或者"星际云")。

恒星的"青年时代"是一生中最长的黄金阶段——主星序阶段，这一阶段占据了它整个寿命的90%。

在这段时间，恒星以几乎不变的恒定光度发光发热，照亮周围的宇宙空间。

在此以后，恒星将变得动荡不安，变成一颗红巨星；然后，红巨星将在爆发中完成它的全部使命，把自己的大部分物质抛射回太空中，留下的残骸，也许是白矮星，也许是中子星，甚至黑洞……

就这样，恒星来之于星云，又归之于星云，走完它辉煌的一生。

绚丽的繁星，将永远是夜空中最美丽的一道景致。

其他特殊天体

红巨星

当一颗恒星度过它漫长的青壮年期——主序星阶段，步入老年期时，它将首先变为一颗红巨星。

称它为"巨星"，是因为它体积巨大。在巨星阶段，恒星的体积将膨胀到十亿倍之多。

称它为"红"巨星，是因为在这种恒星迅速膨胀的同时，它的外表面离中心越来越远，所以温度将随之而降低，发出的光越来越偏红。

白矮星

白矮星是一种很特殊的天体，它体积小、亮度低，但质量大、密度极高。白矮星是一种晚期的恒星。根据现代恒星演化理论，白矮星是在红巨星的中心形成的。当红巨星的外部区域迅速膨胀时，氦核受反作用力却强烈向内收缩，被压缩的物质不断变热，最终内核温度将超过一亿度，最终形成一颗白矮星。

中子星

同白矮星一样，中子星是处于演化后期的恒星，它也是在老年恒星的中心形成的，只不过能够形成中子星的恒星，其质量更大罢了。

在形成过程方面，中子星同白矮星是非常类似的。当恒星外壳向外膨胀时，它的核受反作用力而收缩。核在巨大的压力和由此产生的高温下发生一系列复杂的物理变化，最后形成一颗中子星内核。而整个恒星将以一次极为壮观的爆炸来了结自己的生命。这就是天文学中著名的"超新星爆发"。

↓宇宙中的星云是由大气中的尘埃形成的

恒星颜色揭秘

仰望灿烂的星空，你看到的绝大多数星星都像是一点点白光，似乎夜空闪烁的星星都发白光。其实，恒星的颜色五彩缤纷，比人类肉眼看到的多得多。

光谱透露了星光的秘密

对于地球我们可以研究它的成分，但是对于地球以外的天体呢？我们离不开地球，所以也就无从去研究它们的化学组成。1825年，法国哲学家孔德在他的《实证哲学讲义》中说："恒星的化学组成是人类绝对不能得到的知识。"后来，1860年，法国天文学家弗拉马里翁也说："要想解决恒星世界上的温度高低，我们是永远得不到有关数据的。"然而他们的结论都下得太早了，这些不能解决的问题不但解决了，而且解决得很好。这都归功于光学的成就，那就是光谱分析。光谱透露了太阳的秘密，同样也透露了星光的秘密，此后不仅

望远镜，还有分光仪也成了天文学家手中有力的武器。1868年法国的詹森和英国的罗克耶几乎同时发现在太阳上有一条新的谱线，那就是氦，这是在地球以外发现的新元素，后来在地球上也找到了氦。当然科学家们利用分光仪在地球上到处搜索，又找寻到了更多的新元素。所以，利用光谱，人们可以在地球上研究恒星的组成。不仅如此，在打开了原子的大门以后，科学家们发现了光谱线形成的奥秘，并且还可以由光谱来测出恒星表面的温度等物理状态。于是就兴起了一个研究恒星光谱的高潮，并且把恒星按光谱分了类。

恒星的颜色

我们在夜空中可以看到无数的繁星，但是仔细观察就会发现，恒星有不同的颜色，有的红，有的黄，有的白，有的蓝。显然，这是由于恒星表面温度不同，红色的温度低，而蓝色的温度最高。在掌握了光谱分析这一武器后，就可用来研究所有能观测到的恒星。天

文学家们拍摄下各个恒星的光谱图，这实际是恒星的物理和化学性质的档案。他们把恒星按光谱分了O、B、A、F、G、K、M七大类。另外对有特殊情况的恒星还有R、N、S三个副类。大略地说，恒星的表面温度按O～M次序减小，也就是说单位面积上发光的亮度减小。例如，参宿七是B型星，表面温度12000开尔文；天狼星是A型星，表面温度约10000开尔文；织女星也是A型星，表面温度为9700开尔文；心宿二是M型星，表面温度为3650开尔文；参宿四是M型星，表面温度约3500开尔文。我们的太阳表面温度为6000开尔文，是一颗G型星。

其实，星体的颜色和它的光辉不是我们看到的光亮，而是它的真正亮度，能告诉人们这一星体的过去和未来。星体刚生成时，发出微弱的红光。当幼年的星体逐渐成为成年之时，便会发出暖色，这一转变就依赖于星体的温度。星体老化以后，就会膨胀发出冷色，因为星体冷却而变红。最后，星体失去其外层的空气，变得更紧密，温度更高。星体最终结束其"生命"时，呈现萎缩的白光——小而昏暗，但较热。特大星体毁灭的景象十分壮观，它把自身物质抛向宇宙，导致超新星爆发，直至消失，变成黑洞。

↓宇宙中恒星的颜色多种多样

新星诞生之谜

研究表明，新星最亮的时候，其绝对光度可达太阳光度的10万倍。只不过它的距离太遥远了，在地球上的人们看来只是一颗普通星星。新星爆发时释放出的能量相当于太阳在10万年中所产生能量的总和。是不是感到不可思议呢？

◆◆ 新星是怎样诞生的

有时候，遥望星空，你可能会惊奇地发现：在某一星区，出现了一颗从来没有见过的明亮星星！然而仅仅过了几个月甚至几天，它又渐渐消失了。

这种"奇特"的星星叫做新星或者超新星，在古代又被称为"客星"，意思是这是一颗"前来做客"的恒星。

新星和超新星是变星中的一个类别。人们看见它们突然出现，曾经一度以为它们是刚刚诞生的恒星，所以取名叫"新星"。其实，它们不但不是新生的星体，相反，而是正走向衰亡的老年恒星。其实，它们就是正在爆发的红巨星。

↓闪烁的星星充斥着整个天空

善变的参宿四

哪怕是利用哈勃太空望远镜和最先进的地面天文台所提供的所有光学力量，天文学家也只能辨识出少数几颗恒星的盘面。参宿四就是少量的被天文学家成功辨识的恒星之一，它是猎户座肩部庞大的红巨星。

我们对参宿四最深刻的印象是它那超大的尺寸。这颗恒星的直径是太阳的900余倍，可以充裕地吞进整个火星的轨道以及小行星带。它的光度相当于太阳的135000倍。哪怕相隔640光年，它仍旧就如一座明亮炫目的灯塔。

现在，两个观测小组深入地解析了这颗恒星，并由此发现，参宿四正在悸动、翻搅，同时将外层锹层抛入周围的空间。新的图景表明，这样的质量损失每年相当于1个地球，并非类似太阳风这样平静而稳定的物质流。

这些痉挛并非恒星健康的信号。参宿四的年龄只有几百万年，但是已经濒临死亡。天文学家预计，它注定将在约1000年之内作为超新星爆发，对于地球未来的居民来说，这会是一个壮观的天象。

扩展阅读

黑眼睛星系，又称为睡美人星系、梅西尔64、M64或NGC4826。它是位于后发座的螺旋星系，因为在小望远镜下的景观使它在业余天文学界中非常出名。乍看之下，它很宁静，不过实际上它正不停地翻滚和旋转。当外围和内层云气互撞，就产生了许多炽热的蓝色恒星和粉红色的发射星云。它奇特的内部运动，一般认为可能是一个大星系和一个小星系互撞的结果，且撞击合并出来的星系还没有安定下来。

神奇的世界

第八章

宇宙奇迹——揭示自然之谜

　　宇宙的奇迹在我们面前展开一个又一个未知的世界,星空浩瀚无际,在闪耀的星光背后更藏着无人知晓的秘密。相信现代文明的飞速发展必将揭开更多的自然之谜。

引力波之谜：宇宙初生的"啼哭"

多年以来，科学家们尽管屡次失败，但仍一直不懈地尝试探测理论上存在的时空涟漪——引力波。它是宇宙初生时的"啼哭"吗？关于引力波的研究，是否会帮助科研人员探测其他神秘而强大的宇宙事件？

宇宙初生时的"啼哭"

引力波是爱因斯坦在广义相对论中提出的，即物体加速运动时给宇宙时空带来的扰动。通俗地说，可以把它想象成水面上物体运动时产生的水波。但是，只有非常大的天体才会发出较容易被探测到的引力波，如超新星爆发或两个黑洞相撞时，而这种情况非常罕见。

引力波有宇宙初生时的"啼哭"之称，它自宇宙诞生后便一直四散传播，现在可探测到的余响能量非常小，被称为"随机引力波背景"。在"激光干涉引力波观测台"中，科学

家努力在长达4公里的激光光线中寻找"随机引力波背景"带来的比一个原子核还小的扰动。

引力波有助于揭开宇宙诞生之谜

宇宙大爆炸理论认为，宇宙是从一个无限小的奇点开始的，迅速膨胀并且至今仍在膨胀。根据该理论，大爆炸之后瞬间所发生的情形，对于我们探究宇宙诞生之谜至关重要。

科学家很难将观测延伸至久远的宇宙诞生之初，不过引力波有宇宙初生时的"啼哭"之称，它自宇宙诞生后便一直四散传播，对其进行观测，对更好地理解宇宙诞生和时空本质极为关键。

根据经典理论，大爆炸之初产生了大量的引力波，有些引力波直到现在还漫布在宇宙中。这种隐藏在时空深处的背景波的波长将由年轻的宇宙结构所决定。

《自然》杂志曾经发表的研究也提供证据证明引力波观测将开启天文学的新纪元，让科学家能够研究此前未能发现的宇宙现象，例如超新星和黑洞。

↓宇宙引力波

"宇宙中最明亮的天体"——类星体

20世纪60年代，天文学家在茫茫星海中发现了一种奇特的天体，从照片看来如恒星但肯定不是恒星，光谱似行星状星云但又不是星云，发出的射电(即无线电波)如星系又不是星系……那么它到底是什么呢？

宇宙中最明亮的天体

类星体是类似恒星天体的简称，又称为似星体、魁霎或类星射电源，与脉冲星、微波背景辐射和星际有机分子一道并称为20世纪60年代天文学"四大发现"。长期以来，它总是让天文学家感到困惑不解。

类星体是宇宙中最明亮的天体，它比正常星系亮1000倍。同时，它也是迄今为止人类所观测到的最遥远的天体，距离地球至少100亿光年。类星体是一种在极其遥远距离外观测到的高光度和强射电的天体。类星体比星系小很多，但是释放的能量却是星系的千倍以上，类星体的超常亮度使其光能在100亿光年以外的距离处被观测到。据推测，在100亿年前，类星体比现在数量更多，光度更大。

多重红移

绝大多数类星体都有非常大的红移值（用Z表示）。类星体3C273（QSO1227+02）的$Z=0.158$，远远超过了一般恒星的红移值。有不少类星体的红移值超过了1，有的甚至达到4以上，至今发现的最远的类星体为ULASJ1120+0641，其红移达到7.1。根据哈勃定律，它们的距离远在几亿到上百亿光年之外。观测发现，有的类星体在几天到几周之间，光度就有显著变化。因为辐射在星体内部的传播速度不可能快于光速，因此可以判定这些类星体的大小最多只有几"光日"到几"光周"，大的也不过几光年，远远小于一般星系的尺度。

迄今为止，观测到的最大红移为3.53（OQ172）。对于有吸收线的类星体来说，吸收线红移Z吸一般小于发射线红移Z发。有些类星体有好几组吸收线，分别对应于不同的红移，称为多重红移。

根据以上事实可以想到，既然类星体距离我们如此遥远，而亮度看上去又与银河系里普通的恒星差别不大，那么它们一定具有相当大的辐射功率。计算表明，类星体的辐射功率远远超过了普通星系，有的竟达到银河系辐射总功率的数万倍。而它们的大小又远比星系小，这就提出了能量疑难，也就是说：类星体如此巨大的能量从何而来？

巨大能量的来源

在类星体发现后的二十余年时间里，人们众说纷纭，陆续提出了各种模型，试图解释类星体的能量来源之谜。比较有代表性的有以下几种：

黑洞假说：类星体的中心是一个巨大的黑洞，它不断地吞噬周围的物质，并且辐射出能量。

白洞假说：与黑洞一样，白洞同样是广义相对论预言的一类天体。与黑洞不断吞噬物质相反，白洞源源不断地辐射出能量和物质。

反物质假说：认为类星体的能量来源于宇宙中的正反物质的湮灭。

巨型脉冲星假说：认为类星体是巨型的脉冲星，磁力线的扭结造成能量的喷发。

近距离天体假说：认为类星体并非处于遥远的宇宙边缘，而是在银河系边缘高速向外运动的天体，其巨大的红移是由和地球相对运动的多普勒效应引起的。

超新星连环爆炸假说：认为在起初宇宙的恒星都是些大质量的短寿类型，所以超新星现象很常见，而在星系核部的恒星密度极大，所以在极小的空间内经常性地有超新星爆炸。

恒星碰撞爆炸：认为起初宇宙较小时代，星系核的密度极大，所以常发生恒星碰撞爆炸。

↓宇宙中的类星体

暗能量加速宇宙膨胀

许多科学家认为，宇宙的膨胀在加速进行，而非变慢或开始收缩。这一观点认为，宇宙中不仅存在着一种比引力更强大的反作用力，而且这种"力"（后来即被称为暗能量）似乎组成了宇宙3/4以上的物质。这种神秘的暗能量真的在加速宇宙的膨胀吗？

暗能量在宇宙结构中约占73%

暗能量它是一种不可见的、能推动宇宙运动的能量，宇宙中所有的恒星和行星的运动皆是由暗能量与万有引力来推动的。之所以暗能量具有如此大的力量，是因为它在宇宙的结构中约占73%，占绝对统治地位。暗能量是宇宙学研究中的一个里程碑性的重大成果。支持暗能量的主要证据有两个。一是对遥远的超新星所进行的大量观测表明，宇宙在加速膨胀。按照爱因斯坦引力场方程，加速膨胀的

现象推论出宇宙中存在着压强为负的"暗能量"。

暗能量的发现，证实宇宙正在膨胀

据英国广播公司网站报道，运用最先进的天文测量技术，日前天文学家通过巡天观测确认了神秘的暗能量

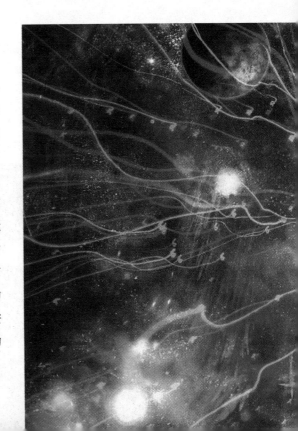

的存在。暗能量占据了宇宙全部物质的73％，它是宇宙加速膨胀的推手。宇宙的膨胀进程处于两种相克的力量平衡之中，如同阴阳相克。其中的一种力量是引力，它们的作用使膨胀减速；而另一种强大的反制力量则是暗能量，它使宇宙加速膨胀。而现在看来，暗能量胜出了。

这项研究基于科学家们对20万个星系进行的观测。研究人员运用两种不同的手段来对先前的暗物质观测结果进行验证。

此次运用的两种天文测量方法中，一种手段是对宇宙中星系的分布状况进行考察，找出其中的模式。这种模式被称为"重子声学振荡"。

第二种手段是测量宇宙中不同时期星系团的形成速度差异。这两种方法的结果都证实了宇宙中暗能量的存在以及宇宙的加速膨胀事实。

知识链接

暗能量的研究意义：暗能量与物质不同，它是均匀分布的，不会在某个地方聚集成团。不论是在你家的厨房，还是在星际空间，暗能量的密度都完全一样，约为10～26千克／立方米，相当于几个氢原子的质量。太阳系中所有的暗能量加起来，与一颗小行星的质量差不多，在行星的"舞蹈"中，几乎起不了任何作用。只有在巨大的空间尺度上和时间跨度上，才能体现出暗能量的影响力。

↓宇宙中充满了大量的暗物质

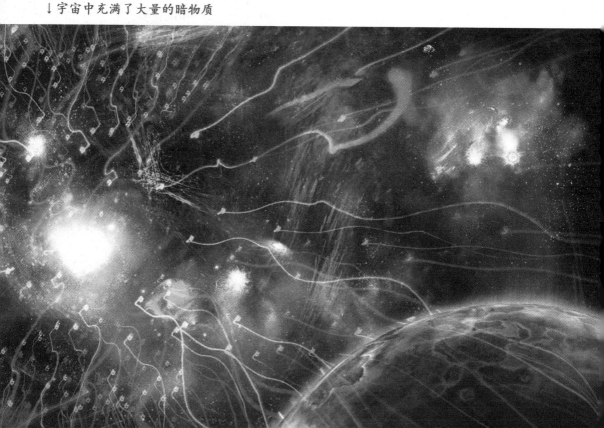

宇宙中的四大"奇洞"

宇宙中除了闪闪发光的星星，其余黑色虚空的部分隐藏着什么？对于宇宙中的四大"奇洞"——黑洞、白洞、虫洞、空洞，你又知道多少呢？

四大"奇洞"

什么是黑洞呢？简单地说，它是一种特殊的天体，具有极其强大的引力场，以致任何东西甚至连光都不能从中逃逸，成为宇宙中一个吞食物质和能量的"陷阱"。

白洞，是与黑洞性质刚好相反的另一种特殊天体。它拒绝任何外来物质进入它的内部，而只允许它里面的物质和能量向外辐射出去。因此，白洞可以说是宇宙中一个发射物质和能量的"源泉"。

简单地说，"虫洞"就是连接宇宙遥远区域间的时空细管。暗物质维持着虫洞出口的敞开。虫洞可以把平行宇宙和婴儿宇宙连接起来，并提供

时间旅行的可能性。虫洞也可能是连接黑洞和白洞的时空隧道，所以也叫"灰道"。

空洞就是宇宙中相对的质量"空白"区域，在这个空白区域内，几乎

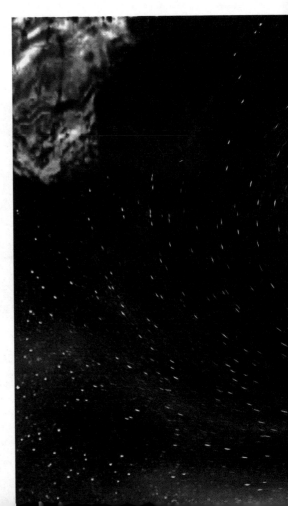

宇宙的秘密

完全没有星系存在。观测表明，宇宙中确有这样大大小小的空洞。

宇宙空洞不空

仰望夜空，吸引我们目光的通常只是一颗颗闪烁的星星，因为多数人相信那些占宇宙大部分空间的黑色"虚空"是虚空无物的。然而，英国剑桥大学物理学家杰里迈亚·奥斯提里卡等人提出，宇宙黑色虚空并不空，那里也有物质，只是其物理规律与我们眼中的物质世界有所不同。正如人们夜晚在大街上行走通常只会依靠路灯来观察物体而忽视夜幕一样，人们在观察宇宙时首先也是注意闪亮的星星而忽视漆黑的夜空，这是我们天生的思维定式。但是，这样做可能产生对宇宙的偏见。

天文学家们通常假定光亮越多的地方，那里的物质也相应越多。其中一些物质是可见的，比如明亮的恒星和星系，另一些物质是神秘的暗物质，没有人知道暗物质是什么，但是可以通过其对发光物质的吸引作用检测到它们的存在。

↓宇宙中的黑洞

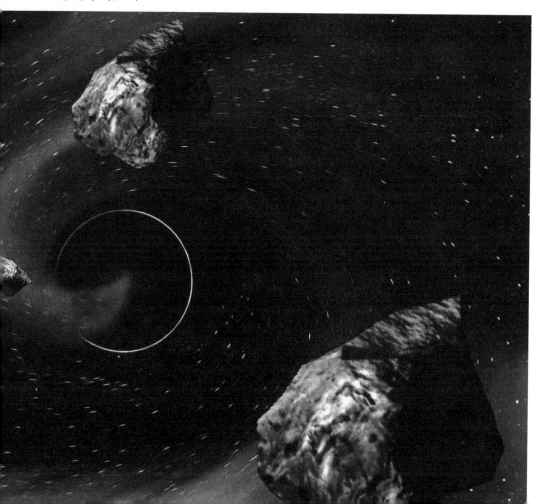

奇趣宇宙

宇宙广阔而深邃，人类所发掘的宇宙奥秘不过是冰山一角，除了那些神秘幽暗的物质，还有一些充满奇趣的事件，现在让我们带着轻松愉悦的心情继续读下去。

神秘物质相撞产生伽马射线

宇宙学家表示，他们已经在银河核心深处发现与暗物质粒子有关的最令人信服的证据。该地的这种神秘物质相撞在一起产生伽马射线的次数，比天空中的其他临近区域更频繁。

科研组在银河核心处一个直径100光年的区域收集到的数据里发现这些信号。银河这个区域的暗物质密度，是银河边缘的10万倍。简而言之，银河核心就是一个暗物质大量聚集在一起经常相撞的地方。

恒星"活化石"

天文学家对一组罕见的、相对年轻的星系进行了研究，这些星系中具有一种一般只存在于较年老星系中的特殊震荡现象。澳大利亚斯威本大学的天文

学家安德鲁·格林表示："它们是宇宙中的活化石，我们原本没有料到它们会存在于今日的宇宙之中。研究将帮助人们更好地理解恒星形成的过程，这项研究最令人感兴趣的部分在于它可以告诉我们恒星是如何形成的。"

最大类太阳系被发现

科学家们通过南方天文台发现了一个类似于太阳系的星系，这一星系可能包含7颗行星，这是在太阳系以外发现的包含行星最多的星系。据悉，这一星系距离地球大约为127光年。这一星系位于水蛇星座，科学家们已经确认这一星系包含有5颗行星，但科学家们通过观测还发现了至少还有2颗行星，一旦捕捉到另外两颗行星，那意味着这是自太阳系之外，人类所发现的包含行星最多的星系。

↓宇宙中有太多人类未知的星系

探索宇宙尽头在何方

中世纪的水手以为地球是平的，一旦船开到世界的边缘，就会落入一个巨大的瀑布，而这个瀑布就是宇宙的尽头。后来，我们了解到了地球其实是圆的，而且只是众多围绕着太阳运转的行星之一。并且太阳只是银河系数以千亿计的星球之一而已，所以我们又以为银河系是宇宙的尽头。那宇宙的尽头到底是在何方呢？

芬·威廉·霍金的多维宇宙观

宇宙是多维的，我们人类只能弄懂三维的事物，而对于比我们多几维的宇宙我们可能还需要几个世纪甚至几十个世纪去探索！只要时间无限，空间就一定无限，宇宙又是时空的组合，所以宇宙无限。相对论认为，空间越小，时间越慢，因此在空间里的速度也越慢。宇宙大爆炸初期，按照现有的痕迹推断，似乎不超过10的46次方秒。那一瞬间，粒子大量挤压，所以我们认为当时空间小，因而时间过得慢。所以实际时间要比上述时间长得多。如果你想到达宇宙的边缘，那一个相当长的距离就必须拥有一定的速度。速度越快，宇宙空间相对越小，时间也相对越慢，回头速度也越慢，而空间是三维量，时间是一维量相差两个极限级别即两阶，因而空间变小的"速度"大于时间变慢的"速度"，所以速度具有变小的趋势。但是，按照黑洞理论我们得到的答案是，宇宙没有尽头，会周而复始的循环：爆炸—膨胀—坍缩—黑洞—爆炸。

宇宙是无限的，却是有边界的

1917年，爱因斯坦发表了著名的"广义相对论"，为我们研究大尺度、大质量的宇宙提供了比牛顿"万有引力定律"更先进的武器。应用该理论后，科学家解决了恒星一生的演化这一难题。宇宙是否是静止的呢？

对这一问题，连爱因斯坦也犯了一个大错误，他认为宇宙是静止的。然而1929年美国天文学家哈勃以不可辩驳的实验，证明了宇宙不是静止的，而是向外膨胀的。正像我们吹一个大气球一样，恒星都在离我们远去。离我们越远的恒星，远离我们的速度也就越快。可以推想：如果存在这样的恒星，它离我们足够远以至于它离开我们的速度达到光速的时候，它发出的光就永远也不可能到达我们的地球了。从这个意义上讲，我们可以认为它是不存在的。因此，我们可以认为宇宙是有限的。那宇宙到底是什么样子呢？目前尚无定论。但是，值得一提的是，芬·威廉·霍金的观点比较让人容易接受：宇宙有限而无界，只不过比地球多了几维。比如，我们的地球就是有限而无界的。在地球上，无论从南极走到北极，还是从北极走到南极，你始终不可能找到地球的边界，但你不能由此认为地球是无限的。实际上，我们都知道地球是有限的。地球如此，宇宙亦是如此。怎么理解宇宙比地球多了几维呢？举个例子：一个小球沿地面滚动并掉进了一个小洞中，在我们看来，小球是存在的，它还在洞里面，因为我们人类是"三维"的；而对于一个动物来说，它得出的结论就会是：小球已经不存在了，它消失了。为什么会得出这样的结论呢？因为它生活在"二维"世界里，对"三维"事件是无法清楚理解的。同样的道理，我们人类生活在"三维"世界里，对于比我们多几维的宇宙，也是很难理解清楚的。这也正是对于"宇宙是什么样子"这个问题无法解释清楚的原因。最后，我们只能说"宇宙是无限的却是有边界的"。

↓宇宙的尽头在何方？

传说中的时空隧道——九星连珠

九星连珠是一种极其罕见的天象，因而一些浪漫的人总把它们想象成一条可以通向过去和未来的时空隧道。九大行星在各自的轨道上不停地围绕着太阳运转，运行的速度和周期也不一样，通常他们散布在太阳系的不同区域中。但经过一定的时期，九颗行星会同时运行到太阳的一侧，会聚在一个角度不大的扇形区域中，人们把这一现象称为"连珠"。

何为九星连珠

随着电影《2012》的热播，很多观众会把天文现象与自然灾害联系在一起，从而产生恐慌心理。影片中极力渲染的九大行星在各自轨道上不停地围绕太阳运转，轨道、运行速度和周期均不同，但经过一定时期后，九颗行星会同时运行到太阳的一侧，会聚在一个扇形区域，这种现象叫做"连珠"。一般来说，行星的数目越多，会聚在一起或排成一线的机会也越少。

九星连珠就是九颗行星都会聚到一起，它属于"行星连珠"中的一种极其罕见的天象。

最近一次"行星连珠"发生在2000年5月20日，当然这是个渐近的过程，从5月5日就开始了。到5月20日这天，除天王星和海王星外，太阳系的其余七大行星——水星、金星、地球、火星、木星、土星、冥王星（2006年8月24日国际天文学联合会大会的决议将冥王星降为"矮行星"），将排列在一定的方向上，但不是像糖葫芦那样串成一条线，而是分散在一个有限的范围内。

行星连珠的定义

我们知道，九星连珠属于"行星连珠"的一种。对于"行星连珠"现象，至今并没有一个严格的定义，通常用肉眼望去，行星差不多处在一条直线上，人们就称之为"行星连珠"。按这个"定义"，就算把行星的运动在画面上表示出来，就得一直关注行星的运动并找到"行星连珠"

的这个时刻，这是不容易做到的事，更不用说对于"行星连珠"在视觉上因人而异。

所以，人们想到用电子计算机自动地搜索出"行星连珠"，要使用电子计算机就必须对"行星连珠"给出准确的定义。

科学家们现在根据下列四个前提来确定"行星连珠"：首先，行星的位置取为在黄道面上的投影位置；其次，在黄道面上，把行星聚集在太阳与地球连线的附近，视为"行星连珠"，不考虑不包括太阳的"行星连珠"；第三，把地球与其他行星的连线与太阳与地球的连线构成的一个叫做"θ"的夹角，来作为"行星连珠"的量化"指标"；第四，求出同一时刻各行星的θ角，取其构成的最大夹角，把θ角的最大值变为最小值的时刻视为"行星连珠"。

这里，考虑的行星数目从6个到9个，并研究所有太阳系行星的组合。地球必须包括在内。

简而言之，就是当其他行星来到地球与太阳的连线附近时，将会发生"行星连珠"的现象。

❖❖ 对地球的影响

当"行星连珠"时，地球上会发生什么灾变吗？科学家们无一例外地告诉我们：当"行星连珠"发生时，它不会给我们带来什么异样的改变。不仅对地球，对其他行星和小行星、彗星等也一样不会产生什么影响。

若说有影响，顶多就是一点"起潮力"。由于月球和太阳的起潮力，地球表面海洋会出现潮汐现象。"行星连珠"会使它们对地球的起潮力变大一些，只是这种改变也是微不足道的。

由此可见，即使发生"行星连珠"，地球上也不会发生什么特殊情况。从科学角度看，"行星连珠"并没有什么重要意义，它只是一种饶有趣味的天象而已，那些幻想着能够穿越的人们，是不是有些失望了呢？

知识链接

公元前3001年到公元3000年这6000年间的"行星连珠"情况如何呢？科学家告诉我们，若以θ角为标志，其在5度以下的"六星连珠"发生了49次，"七星连珠"为3次，"八星连珠"以上的情况没有或不会发生。如果把θ角扩大到10度，那么"六星连珠"为709次，"七星连珠"为52次，"八星连珠"为3次。要认定发生"九星连珠"的话，得把θ角扩大到15度，即使这样，"九星连珠"在6000年间也只发生了一次而已，这就是1149年12月10日发生的"九星连珠"。

！行星连珠不会给地球带来灾难

第八章　宇宙奇迹——揭示自然之谜

流星哭泣的声音

世间万物多奇妙，一切都是那么有趣。而世界的各处都会有一群可爱的孩子在抬着头，寻着心中的梦。他们是找星星的孩子，而与流星见面则是他们最深的梦，当短暂的辉煌从眼前划过时，听，流星在向我们呼唤。

流星从哪里来

其实，太阳系内除了太阳、行星及其卫星、小行星、彗星外，在行星际空间还存在着大量的尘埃微粒和微小的固体块，它们也绕着太阳运动。在接近地球时由于地球引力的作用会使其轨道发生改变，这样就有可能穿过地球大气层。或者，当地球穿越它们的轨道时也有可能进入地球大气层。由于这些微粒与地球相对运动速度很高（11~72公里/秒），与大气分子发生剧烈摩擦而燃烧发光，在夜间天空中表现为一条光迹，这种现象就叫流星，一般发生在距地面高度为

80~120公里的高空中。而宇宙中那些千变万化的小石块其实是由彗星衍生出来的。当彗星接近太阳时，太阳辐射的热量和强大的引力会使彗星一点一点地瓦解，并在自己的轨道上留下许多气体和尘埃颗粒，这些被遗弃的物质就成了许多小碎块。如果彗星与地球轨道有交点，那么这些小碎块也会被遗留在地球轨道上，当地球运行到这个区域的时候，就会产生流星雨。在流星中特别明亮的又称为火流星。

听，流星的声音

流星以极高的速度冲破大气层，迅速燃烧，并且在夜空中留下一道明亮的轨迹。据说看到流星的人都可以实现一个愿望，但不可以把许下的愿望告诉任何人，只有藏在心里的才能够成为现实。其实，人们不仅可以看见流星，还可以听见它的声音呢。很多科学证据表明，这种"星星的歌唱"确实存在，但只有非常大的流星才可以，也就是所谓的陨星，它们在进入大气层燃烧时发出的光会比满月

时的光还要亮。2001年，澳大利亚物理学家指出：陨星在下落时不仅会发出强烈的光，同时还会产生长波电磁波，电磁波的传播速度和光速一样快。虽然我们听不见也看不见它，但它可以在地面上的导体（比如铁或者铜）中产生感生电流。如果这些电磁波非常强，就会使导体振动，导体周围的空气也会跟着振动。当这种振动达到特定的频率时，就会成为我们可以听得见的声波。我们的科学家已经在实验室中模拟出了这种"电磁波

音"即流星的声音。所以，下次当你看流星的时候，不仅要睁大眼睛，还要侧耳倾听哦！

扩展阅读

《竹书纪年》中有"夏帝癸十年，夜中星陨如雨"的记载。关于流星最详细的记录见于《左传》："鲁庄公七年夏四月辛卯夜，恒星不见，夜中星陨如雨。"鲁庄公七年是公元前687年，这是世界上天琴座流星雨的最早记录。

↓壮观的流星雨景观

【神奇的世界】

◎ 出版策划　　膳書堂文化

◎ 组稿编辑　　张　树

◎ 责任编辑　　王　珺

◎ 封面设计　　刘　俊

◎ 图片提供　　全景视觉

　　　　　　　上海微图

　　　　　　　图为媒